ブランド品でネット副業

Method 50 to Succeed in Product Sales of Branded Goods.

成功するメソッド50

MUチュウ株式会社
Toshiyuki Matsuura 松浦聡至

SOGO HOREI PUBLISHING CO., LTD

はじめに

はじめまして。MUチュウ株式会社・代表取締役の松浦聡至と申します。

私は、ブランドの中古品や新品の商品を知人の買取店や業者オークションで仕入れ、フリマアプリで販売する、いわゆる「ブランド品物販」という仕事をしています。

まずは、どうして私がこういった仕事をするようになったのか、自己紹介も兼ねてお話しさせてください。

1日500円のお小遣い生活から脱却したい

私の出身は福岡県。中学、高校時代は、やんちゃというよりデキの悪い生徒でした。高校を卒業してからは、不動産や通信の会社で営業など給料が歩合制の仕事をしながら、バイクレーサーとして全国各地のレースなどにも出場していました。地方の大会では優勝経験もあります。

何度か転職をしながらサラリーマンとして働き、30代後半で結婚。40代前半で子どもが生まれると、1日500円のお小遣い生活が始まりました。

子どもの養育費、住宅ローン、老後の生活資金などを考え、自分自身も納得しての1日500円のお小遣いでしたが、さすがに昼食と夕食を合わせて500円はキツいものがありました。

しかも、唯一の休みである日曜日はお小遣いなし。これでは、平日にかなり切り詰めた生活をしても、週末にレンタルビデオを観るぐらいの楽しみしかありません。


そこでなんとか副業をと、始めたのがカラオケ教室の先生でした。当時、母が副業としてカラオケの先生の資格を取り、200人ぐらいの生徒さんを教えているのを見ていたので、私にとっては身近な副業だったからというのもあります。

とはいえ、私は「カラオケが少し得意」程度だったので、古本屋に行きボイストレーニングの本を100円で2冊購入。2週間、YouTubeでボイストレーニングの方法を検索してひたすら勉強しました。その後、ボイストレーナーを募集していたカラオケスクールに採用され、週1回の講習で1カ月に7万円程度の収入を得ることができました。

ところが、「週1日の休みの日ぐらい、子どもの相手をしてあげて！」と妻に怒られ、カラオケ講師はやめることになってしまいました。

副業ジプシーからブランド物販へたどりつく

そこで、今度は自宅でできる副業を探したところ、「物販」という副業があることを知りました。古本や古着などを仕入れて売ったり、中国などから大量に小物を仕入れてネットで売るというものです。

ところが、こういった物販は、利益が1個売って100円、200円の世界です。本業以外の時間を全部つぎ込み、1カ月何千個もの商品を販売しても、やっとサラリーマンの給料程度しか稼げませんでした。

さらに「ラクラク月収100万円」というようなうたい文句を信じ、必死の思いで貯めたお金や副業で稼いだお金をつぎ込み、さまざまな物販スクールに入って頑張ってはみたものの、結局は全然稼げないといったことを何回か繰り返しました。

そんな〝副業ジプシー〟を繰り返している中で、本業では、以前勤めていた会社の社長から、「(東京の)池袋にある店を任せたい」と頼まれ、店長をすることになりました。その社長から「店長をするなら社長思考を持て」と言われ、手に取った本が、ある起業家さんが書いた1冊の本でした。その本には「稼ぐためには利益率を高くせよ」とあり、その考え方にとても刺激を受けたのです。

利益率が高いものには不動産や車などがありますが、私の経験から言って、こういった商品は、手続きや書類作成が大変で、副業や片手間でやるような仕事ではありません。

そこで、不動産や車のように大きいものではなく、小さくてしかも手続きが簡単で、利益率が高いものは何だろうか?と考えてたどりついたのが、ブランド品の物販だったのです。

利益数百円のスタートから数万円を稼ぐまでに

最初は、フリマアプリでブランド品を買い、その商品に数千円を上乗せして物販するという方法を取っていました。しかしこの方法は、順調に売れればいいのですが、売れなければどんどん値段を下げる必要があり、結果的に数百円の利益しか残らなかったり、赤字になったりすることすらありました。

さらに、これは私の脇が甘いからなのですが、仕入れも販売も同じアカウントで行っていたため、「あなたの履歴を見ると、私が買ったものを高値で売っていますよね」「他の人から買ったものを、高く売っていますよね」といった指摘が来るようになりました。

そこで今度は、大量に安く仕入れて販売する方法はないかと探したところ、ブランドの中古品が集まるブランドオークションという市場の存在を知ったのです。ここなら、一度にたくさんの商品を仕入れることができます。

そこで、このブランドオークションの市場の活用方法を学ぶために、コンサルティングを受け（コンサル料は借金をしました）、週1回、コンサルの先生とブランドオークションが行われる会場に行き、オークションやブランド品購入のノウハウのすべてを教わりました。

その後は、1人でこのオークション市場から商品を仕入れ、リペア（商品の修繕やお手入れ）をして出品する、ということを始めました。
もちろん仕入れた商品をそのまま売ってもいいのですが、このリペアという、汚れをきれいにしたり、傷んでいるところを直したりといったお手入れをしてから出品すると、より高値で売ることができるのです。これは母が革細工の先生をしていて、それを小さいころから見たり手伝っていたりした経験、さらに自分自身がバイクの修理などをしていた経験が役立ったと思います。

ブランド品は、もともとの値段が高額なので、きれいにして出品すると、1点あたり数万円の利益が出ることも当たり前。ブランド品物販はどんどん軌道に乗っていきました。

この仕事を始めて数年で、1人では手が足りなくなり、仕入れた商品をリペアして出品販売をしてもらう「代理店さん」を募集するようになり、どんどん仲間を増やしていきました。

そして私自身、ブランド品物販のほうが忙しくなったので、本業をやめて事務所を構え、このブランド品物販を本業とするようになったのです。

2020年には『人生が輝くブランド品転売のススメ』（秀和システム）という本も上梓《じょうし》しました。

ブランド品物販は甘くない。ただし頑張れば必ず結果は出る

本書では、ブランド品物販についてのテクニックや心構えなど、実践的な50のメソッドをご紹介しています。

とはいえ、この50のメソッドは、ネットによく転がっているような「ラクして稼ぐコツ」といったようなものではありません。

稼げるかどうかは、実践するあなたの頑張りにかかっています。

しかし、頑張れば必ず稼げるのがブランド品物販の魅力でもあります。

ぜひ、この「50のメソッド」で収入アップを目指して頑張ってください。

MUチュウ株式会社　代表取締役　松浦聡至

第1章 誰もができる！ ブランド品物販

第2章 ブランド品物販 成功するメソッド マインド編

第3章 ブランド品物販　成功するメソッド 実践編

装丁：木村勉
本文デザイン&DTP：横内俊彦
編集協力：長谷川華（はなぱんち）
校正：矢島規男

第1章

誰もができる！ブランド品物販

〝はじめに〟でも触れました「50のメソッド」に入る前に、まずは簡単にブランド品物販の流れ、そしてブランド品物販について、皆さんにご説明していきましょう。

❖ブランド品物販の流れ

①ブランドオークションで商品を仕入れる

ブランド品物販では、まず販売する商品を仕入れることから始めます。

魚屋さんが市場で魚を仕入れるように、ブランド品もオークション会場で仕入れます。ブランドオークション会場は、東京・大阪・仙台・札幌・九州など、全国の大都市にあります。最近は、ネット上でオークションができるところもあります。

平日は、ほぼ毎日開催されていて、1日3000〜5000点のブランド品が出品されています。**商品を落札するためには古物商許可証が必要**ですが、その資格と法人、元手となるお金があれば、誰でも仕入れることができます。

商品を出品するのは、大手の買取店や街の小さな質屋さんなど、さまざまです。

大きなオークション会場では１つの商品に対して４００人ぐらいのバイヤーが競《せ》るので、人気商品はどんどん高額になってしまいます。さらに、今では物価高騰の影響で、商品がどんどん高額になっています。出品される商品は、店頭で売れなかった商品や不人気商品も多いので、目利きができないうちは、落札したけれどもそれを売ることができず、赤字になってしまうこともあります。

②仕入れた商品をリペアし、新品のようにする

そこで私が、数々の失敗を経てたどりついたのは、10個入りで1袋のような、いわば、**おつとめ品のような商品を安く仕入れる**ことです。

これらの中には、汚れがひどいものや、ほつれがあるもの、カビだらけのものなど、ボロボロでゴミ同然の商品も混ざっています。そこで、それらの商品を**リペアし、きれいにして値段を上げて販売する**のです。すると、そのままでは数百円の利益しか出ないものでも、数千円から数万円の価値を生むことができます。

また、もともと状態のよい商品でも、さらに磨きをかけて新品同様にして売れば、

販売価格を上げることができます。

③フリマアプリに出品し、販売をする

リペアをしたら、次はその商品を撮影し、フリマアプリなどに出品します。

写真撮影も簡単なようで、コツがいります。

皆さんも、友人たちと食事に行って料理の写真を撮った後、友人のＳＮＳを見て、同じ料理のはずなのに、どうしてこんなにおいしそうに見えるんだろうと思った経験はありませんか？　**写真の撮り方や光の当て方の違いで商品がきれいに見えたり、ボロボロに見えたりするのです。**

同じ商品を、同じスマホで、同じ部屋で撮影をしても、撮る人が違うだけで、写真の見え方が全然違います。さらに上手になると、商品の下に敷く布や造花、貝殻といったあしらうものなどにもこだわり、まるで広告写真のように撮影する人もいます。

出品するときには、商品の説明文も記載します。期間や地域を限定して販売されていた商品などは、そこを強調することで高く売ることができるので、**商品に対する知**

識は必須です。

商品の状態も記載しますが、中古品は買う人によって「中古」のイメージも異なります。商品の状態については、クレームが出ないように表現に気をつける必要もあります。

このように、**仕入れた商品に磨きをかけて高値で売るのが、ブランド品物販**です。汚れをきれいにしたり、ほつれを縫い直したり、カビをブラシで落としたり、ハゲている部分に色を塗ったりするリペアをほどこし、新品同様にして出品します。

そう言うとあくどい商売というイメージを持つ人がいますが、これは、街の靴の修理屋さんやブランド品のクリーニング店がやっていることと同じようなものです。車やバイクを売ると、中古車屋さんでは、凹みや塗装のはがれを修理したり、部品を取り替えたりして、新品に近い状態にして販売しています。同様に、ボロボロのブランド品を新品のように生き返らせる店はたくさんあります。そういったお店に対して、悪く言ったり叩いたりする人はいませんよね。

つまり、私が行っている事業は、ボロボロの中古品を仕入れて、きれいにして販売するという、その技術料や手間賃、リペア代金をもらっているのと同じだと考えています。

❖スクール代理店システムを導入し、誰でも稼げるように

現在、私の会社では「スクール代理店システム」を導入しています。

先にもお話ししたように、最初は、自分1人でオークション会場に行って商品を仕入れ、1人でコツコツとリペアをして出品していました。

この副業を始めて3カ月くらい経つと、1個につき1万円以上の利益が生まれ、1カ月の利益が80万円を超えるようになりました。

とはいえ、副業としてやっていたので、本業の出社前と帰宅後、休日も、朝から晩

までの時間を費やし１人で出品作業などをしていても、販売個数には限界があります。

　そこで、リペアをする仲間＝代理店さんとして、副業や独立開業をしたい主婦やサラリーマンを募集するようになりました。それは今も同じです。

「スクール代理店システム」には、さまざまなメリットがあります。その一つは、私が１度にたくさんの商品を仕入れるので、**代理店さんは、労せずに商品の仕入れができる**ということです。

　たくさん仕入れるためには、たくさん販売しないといけません。そのために、私の代わりとなって、商品をリペアしてたくさん売ってくれる代理店さんはとても大切な存在です。

　たくさん売れる代理店さんになってもらうために、自分が持っている「売るためのコツ」を惜しみなく皆さんに伝授し、みんなで稼ごうというのが、私の考えの基本です。

❖代理店に加入後は、無料＆無期限サポート

私の会社の代理店になるには、最初に加入料をいただくことにしています。そう言うと、「どうして無料じゃないの？」「初期費用がかかるなんて、詐欺じゃないの？」「お金が必要ならやりません」と言う方も多数います。

しかし、冷静に考えてみてください。初期投資のないビジネスなどありえません。コンビニやフランチャイズの飲食店なども、最初に加盟料を支払っています。

実は当初は代理店の加盟料は無料にし、オークションで仕入れた商品を原価で代理店さんに卸すシステムにしていました。しかし、「今月、家賃を払ったら残りのお金がなくて」と言う人や「子どもにご飯を食べさせるのも大変で」と涙ながらに訴える方も多かったので、「だったら、お金は売れてからでいいですよ」と、15万円分ぐらいの商品を先に渡していました。

ところが、驚いたことに9割ぐらいの人が商品の仕入れ代を返してくれないのです。そればかりか、連絡がつかなくなるのもザラですし、万が一連絡がついても「お金はありません」としれっと言う人もいるのです。

そこで、最初にスクール代のようなものをいただくことにしました。今は代理店になりたい人は、先にお金を払ってもらっています。その代わりに、仕入れた商品をお渡しし、週に7回は勉強会を開いて稼げるテクニックをお教えしています。

さらに、最初にお渡しした商品を売った後、追加で私から商品を仕入れる場合は、手数料として10%をプラスして卸しますが、売れなかった場合は返品をしてもよく、手数料もお返しすることにしています。

代理店としてスクール代を払っていただいた方には、とことんサポートします。

中には1~2カ月で「もっとラクな副業をやります」と言ってやめられる方もいます。そこから、他の副業をいくつか経て1~2年後、「やはりこのブランド品物販のほうが儲かる」と、ひょっこりと連絡をくださる場合もありますが、そういう方も、もちろんウエルカムです。

❖代理店になるには、まずは面接を

代理店になりたいと希望する方を誰でも雇うわけではありません。ここが他の物販スクールと大きく違うところです。

私の会社と代理店契約を結ぶためには、まずは面接を受けていただくことになっています。そしてそこで採用されないと、代理店にはなれません。

よくある多くの物販スクールは、「誰でもラクして稼げます」などとうたい、どんな人でも受け入れています。面接を行うスクールなど、聞いたことがないかもしれません。

代理店になりたいという方には、まず私か社内の採用担当者が面接をして、この副業が向いているかどうかを見極めます。会社の入社試験や、採用面接と同じです。

ギャンブルが好きか否か、クレジットカードを持てるか持てないか、ラクして稼げる副業を探しているのかいないのか、自分が悪くなくてもお客様に対して謝ることができるかできないか、などなど、いくつかチェックポイントがあり、弊社の基準を満たしていない方には残念ですが、お断りをさせていただいています。

面接に合格をした方には、初期費用を払う前に希望であれば１週間のチャレンジテストを受けてもらっていました。これは、いきなり初期費用を払ってビジネスを始めるのは少し不安と感じる方に向けたお試し期間のようなものです。

このチャレンジテストとは、いきなりハイブランド品をリペアして売ってもらうのではなく、仕入れ価格が４０００円の商品で、リペアの必要があまりないものを１つ選んで仕入れて、販売価格を１万２０００円から売ってもらうというものです。

目標は、１週間以内に売り切ることです。

最初なので１円でも利益が出たら合格という設定にしています。利益が出た場合は、もちろん利益をそのままプレゼントしますし、商品が売れなかった場合は、商品を戻してもらえば仕入れ金を返金します。

値段を下げていって、仕入れ価格と同額の4000円でも売れなかった場合は返品すればよいので、ゼロかプラスしかないチャレンジです。

出品後は、必ず私に連絡をしてもらいます。私は1週間、フリマアプリの出品ページを見て「説明文のここは書き換えたほうがいいですよ」「写真の光の当たり具合が悪いですよ」「設定価格が高すぎますよ」など、ダメ出しやアドバイスをします。

この1週間で「楽しい」「もっとやりたい！」と思った方が、代理店として生き残り、どんどん成長して稼いでいきます。

これまでに最速で売った方は、事務所を出た後、わずか2時間で「売れました」との報告がありました。帰りにマクドナルドかどこかに寄り、商品をスマホで撮影して文章を書いてフリマアプリにアップしたそうです。

利益にこだわりすぎると、売れ残ってしまう

１円でも利益を出せばチャレンジテストは合格にもかかわらず、１週間のお試し期間で脱落する人は、面接合格者の約半数です。

商品をアップした後、「財布の写真がボロ雑巾のように見えますよ」といった私の辛口アドバイスで凹んでしまう人もいますが、写真や説明文が上手でセンスがあっても、利益にこだわる人はなかなか売れません。

４０００円で仕入れた商品を、１万２０００円で販売すれば、利益は８０００円です。しかし、１万円に値段を下げれば利益は６０００円になります。１万円にすればすぐに売れるような商品でも、利益にこだわって１万２０００円のまま出品し続けているために、結局１週間たっても売れないケースもあります。

私は、「**３日売れなかったら値段を下げる**」を鉄則にしています。これは、値段を

下げても早めに売り切って次の商品へ移れば、次の商品で挽回できますし、利益が少なくても数を多く売れば、トータルでの収入がアップするからです。

このように、ブランド品を仕入れて売るだけの副業ですが、実はさまざまな「ちょっとしたコツ」があるのです。

※2023年現在、チャレンジテストは行っておりません。面談で厳しい話をしても、やる気がある方を合格とし、代理店契約をしています。

❖代理店さんには売れるテクニックをすべて伝授

代理店契約をした方には、最初の3カ月は「とにかく何でもいいから、分からないことを聞いてほしい」と伝えています。

週に7〜15回ほど、オンライン勉強会を開催しています。1コマ1時間、1日2コマ程度の勉強会に、自動車教習所の学科の予約を取るような感覚で、出席してもらっています。どうしても対面で教えてほしいという方には、事務所に来ていただいて直接教えています。

勉強会では、壊れたホックの直し方やほつれた部分の縫い方、色の塗り方、財布やバッグと同じ色にするための塗料の配合具合など、リペアに関する技術を教えています。

一般的な物販スクールは、マニュアルを渡して終わりのようですが、私のスクールの場合は「何度でも何回でも来てもいい」と伝えています。実際、事務所に毎日来て作業をしている代理店さんもいます。

また、代理店さん同士は、専用のコミュニティで情報交換もしています。

例えば、あまりにもボロボロの状態で仕入れた商品などは、皆さんに勉強用として無料で配り、新しいリペア技術を試してもらうなどして、知識を常にアップデートして切磋琢磨《せっさたくま》してもらっています。

❖ブランド品物販は、ネットを使った客商売

ブランド品物販は、フリマアプリに商品を出品し、購入したお客様に発送して終わりという簡単な流れのイメージがあります。しかし、お客様とのコミュニケーションの面では、アパレルショップや飲食店のような対面で接客する商売と同じです。

さらに、**お客様が1つ1つの商品を手に取って見ることができない分、より商品や販売者自身の信用を上げることが重要**になってきます。

皆さんもお店で気になる商品があれば、実際に手に取って、あちこちを確認すると思います。ブランド品物販の場合、販売しているのは中古品ですから、どんな状態なのかより知りたいはずです。ガラスケースの中に入っていて、手に取れない商品をいきなり買おうとは思いませんよね。

お客様は出品された写真と説明文を見て、購入を判断します。1枚目の写真で商品

に興味を持ったら、商品の裏側の写真や、ポケットなどを開いたところの写真、シリアル番号の写真など、商品の詳細を1枚1枚確認していきます。

ですから、出品する際に、商品写真で手を抜いてしまうと、信用されませんし、落札には至りません。


また、こちらもお客様が見えないので、相手が商品をとても気に入っているのか、冷やかし程度で見ているのかも分かりませんし、コメントでやりとりをしていても、相手が単純に質問をしているだけなのか、怒っているのかも分かりません。

そこで説明文ではお客様の誤解を生まないようにし、さらにコメントにも細心の注意を払って書くことが大切です。

このように、ブランド品物販には、より高度な接客技術が必要なのです。

❖ブランド品物販歴10年の経験から生まれた50のメソッド

この本で紹介している50のメソッドは、私がブランド品物販歴10年（物販歴30年）の経験で身につけた、さまざまな知識を凝縮したものです。

例えば、これまで私は多数の返品を受けつけてきました。返品率が上がれば、当然、利益率も下がります。

最初のうちは「なぜ返品されたのだろう？」と落ち込んでいましたが、実のところ、**返品する本当の理由は販売者の落ち度ではないことがほとんど**です。

お客様は、決してこちらには言ってきませんが、「購入したけれども、他にお金を使う用事ができた」とか、「彼女にプレゼントで買おうと思ったらフラれてしまった」といった、こちらの落ち度ではない返品の理由が多いのです。

中には、いいと思った同じ商品を3個まとめて購入し、一番いいものを選んで残りの2つを返品する人もいます。

それでもお客様は、本音をこちらには決して言いませんから、返品する理由を商品や販売者の落ち度にします。「ここの部分がこうでした」「ここがこうなっていて、説明文に書いていなかったので返品をお願いします」など、何かと理由をつけてきます。

そこで、**返品理由になりそうなことを1つ1つつぶして、事前に対策をしていったことで、だんだんと返品数が減り、利益率が上がっていきました。**

「ブランド品物販」は誰でも始めることができます。

しかし、必ずしも誰もが儲けを出せるわけではありません。利益を出すには、やらなくてはいけないこともたくさんあります。でも、それが仕事というものです。そして、やる気とコツさえ分かれば、月収100万円も夢ではありません。

商品が売れないことには、必ず「売れない理由」があります。その理由を知るヒントが、本書には満載です。ぜひ、第2章からの50のメソッドを実践し、このブランド品物販で収入をアップさせてください。

第2章

ブランド品物販成功するメソッド

マインド編

1 副業で1カ月10万円を稼ぐことは世界の常識に

例えば、皆さんが運転免許証を取得するには、目的があると思います。「車を運転したい」「通勤に必要」「キャンピングカーで全国を旅行したい」など。目的や気持ちが強ければ、途中で挫折することはないでしょう。

副業も同じです。**「お金が欲しい」という気持ちが強い人は、頑張って続けることができます。**しかし、そこまでお金の必要に迫られていなく、漠然とした将来の不安程度で副業を始めた人は、「絶対にお金が必要」というわけではないため、ちょっと大変だったりすると途中で「やめてもいいか」と諦めてしまいます。

さらに、運転免許証を取得する場合、ほとんどの人は自動車教習所に通ったり、合宿免許に参加したりするので、そこに通う人は全員、「免許が取りたい」と目標に向かって頑張っている人です。そのため、自分だけやめるという選択がしにくいわけです。

しかし、副業の場合は、周りに副業で稼いでいる人がたくさんいれば挫折をしないと思いますが、日本では、まだまだ副業に積極的な人が少ないため、家族や周りの人から「どうせ、あなたにはできないわよ。三日坊主よ」「それ、ダマされているんじゃないの？　副業でそんな10万も利益が出るわけないじゃないの」と言われると、「確かにそうだよね」となりやすいのです。

もし、これが昔の運転免許証のように、誰でも取るのが当たり前だった時代であれば、「免許がないなんて恥ずかしい」「なんで免許を取らないの？」となります。すると、自分も「免許を取ろう」という気持ちが生まれるわけです。

皆さんは想像がつかないかもしれませんが、携帯電話が出始めたころは、ショルダーバッグのような大きい携帯電話でした。周囲の人はそれを見て、「みんなに見せびらかしたいだけだ」「電話なんて公衆電話があるのに必要ない」「ショルダーを持って、街中で偉そうに電話して」と、否定的なことしか言いませんでした。

しかし、携帯やスマホを持つのが当たり前になった今では、「なんで携帯を持っていないの？」と真逆の反応です。

副業も同じで、今は「ダマされているんじゃない？」というような反応も、**「副業で10万円も稼げないの？　みんな稼いでいるのにバカじゃないの！」となれば、誰でも副業に肯定的となり、豊かになる**と思うのです。

実際、日本以外では副業が当たり前の国もたくさんあります。

私は、昔から仕事で台湾の方と知り合うことが多かったのですが、若くして成功した人ばかり。副業で儲けて、将来、起業をしたいという方もいっぱいいました。私の肌感覚では、会社員で副業&起業したいという人が、日本の5倍はいました。

ですから、台湾のように周りにそういう友達が増えるほど、「じゃあ俺も」と始めやすくなりますし、「俺もこれだけ稼げた！」というのが当たり前になります。

日本でも、毎月副業で10万円を稼ぐのが当たり前となり、「副業をしていない人はおかしい」と誰もが思うくらい、日本人の意識を変えていかないといけない状況になっていると思います。実際、どんどん物価が上がり、ガソリン代や食費も上がっているので、副業をしなければ、これまでの生活水準を維持できないでしょう。

私が子どものころ、「母親は専業主婦」が当たり前でした。そんな中、母はカラオケ講師の資格を取り、200人の生徒さんに教えていたので、地元ではかなり珍しく思われました。しかし今の時代、専業主婦のほうが珍しくなっています。

このように、いずれ副業が当たり前となる時代が来るのですから、「副業で儲けるのは当たり前である」というように、今からマインドを変えていくことが大切なのです。

2 副業で成果を出すためには ストレスフリーで取り組もう

本業と副業を両立させ、副業で結果を出すためには、いかに本業である会社員の仕事を円滑に行い、嫌な思いをせず回すかが大切になります。要は、**自分にストレスがなく、体力を使わず省エネモードでする**ということです。

実は、この答えは簡単です。仕事をサボるのではなく「**上司に何でも聞く**」ことです。自分で考えてやってみる前に、上司に「これはどうすればいいですかね？」とやり方を聞くと、全部、上司が答えを出してくれるものです。

例えば、私は「この方法だと、体力的にも結構疲れるんですけど、どうしたらいいですか？」といった質問も平気でしていました。すると、上司がラクな方法を教えてくれるので、自分であれこれ考えて頭を悩ませる必要もありません。

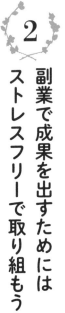

頭も体力も使わない、まさに省エネモードです。
仕事の途中でも、その都度上司に報告し、「これをやり直して」と言われたらやり直し、「この調子でいいよ」と言われれば、そのまま続け、「終わりました」と報告します。実はそのほうが、仕事はうまくいくのです。

副業を始めて、本業で上司に何でも聞くようになってから、今まで勝手に自分で考えてやっていたことがいかに無駄だったのかがよく分かりました。会社員で、特に上司がいる人は、「次、何をしたらいいですか？」と積極的にたずね、分からないこともすぐ聞いたり、ヒントをもらったりするようにしましょう。
昭和の時代は、「何でもかんでも聞かずに自分で考えろ」というタイプの上司が多かったかもしれませんが、上司も部下が自分の言う通りに動いてくれるほうが仕事も早く、間違いないことが分かれば、快く教えてくれるようになるはずです。

スムーズに早く仕事が終われば体力も使わなくなりますし、残業もありません。そうすれば、今度は副業に力を入れることができます。

本業の仕事のテンションが、朝起きて歯を磨き、顔を洗うのと同じようなルーティンの1つになれば、もうこっちのもの。**本業の仕事が終わってからが、自分にとって本当の仕事の始まり**です。

そして、副業も本業と同じく、特に始めたばかりの時期は、師匠や先生に聞いたり見たりしてもらうことです。結果が出るまでは師匠任せでOK。塾でも先生のアドバイスを受けて、「ここはテストに絶対に出るから勉強しておいたほうがいいよ」と言われて、そこだけやれば少ない労力で高得点が狙えるのと同じです。

自分流をプラスするのは、まず結果を出してから。

結果を出すまでは上司や師匠を信じ、不満を持たずに黙々と仕事をしたほうが成功への近道となるのです。

3 成功してキラキラ見える人はつらくて長い、孤独な努力に耐えた人

物販で成功している人を見ると、キラキラと輝いて見えます。「うらやましいな」と思うかもしれませんが、その「キラキラ」に到達するまでは、過去に悩み苦しみ抜いた時間が、想像を絶するぐらいあるのです。

これは、物販に限らず他のビジネスも同じです。特に物販の場合は、プロ野球選手や医者のように、なかなか成功までの過程を想像しにくいため、「誰でも簡単に成功できる」と思われてしまいがちです。**「誰でも物販で成功できる」というのは正しいですが、「簡単に成功できる」わけではない**のです。

ものごとをなし遂げるためのステップとして、「３００時間・３０００時間・３万時間」とはよく言いますが、私の事務所に来てもらって出品を手伝ってくれている出品代行さんも、安定して収入を得られるまでに平均３００時間かかっています。ですから、頂上に立つまでには３万時間は働き続ける必要があります。

物販の場合は、早い人で5年、通常であれば10年は努力して、ようやく報われるものです。簡単に結果が出ると思ってはいけません。人によっては、1カ月に売れるのが3個程度で、利益はたった1万5000円という場合もあります。

私自身、物販を始めて長いですが、今でも仕事が大変で夜に眠れないこともあります。夢の世界でもリペアをしていたり、急にお客さんが来たり、トラブルがあったりして、突然目が覚めて慌てて部屋のドアを開け、そこで自分が寝ぼけていたことに気づいて再び布団に入って寝るというようなこともあります。

まさにアーティスティックスイミングの選手が、華麗な姿で笑顔を見せて演技をしている水面下では、常に立ち泳ぎで必死に足を動かしているようなもの。

物販成功者も、見えないところで常に努力をしているのです。

4 物販の副業を始めたいならまずはチャレンジすること

もし物販の副業を始めたいと思ったら、まずはさまざまな情報を調べることから始めましょう。物販にもいろいろ種類があります。その中で、自分がどの物販が合っているか、やりたい副業を探してみましょう。

情報は、本でもいいですし、ネットでもいいですし、知り合いが物販をしているなら、その知り合いに話を聞いてみるのもいいでしょう。とにかく、自分が思いついた物販について、仕入れ方法、販売チャンネル、送料、粗利《あらり》など、いろいろな角度から調べてみましょう。

そして、少しでも興味があるものが見つかったら、まずはチャレンジしてみることです。おそらく、調べているうちに2～3個はやってみたいものが見つかるでしょう。そして、やりたい順番にチャレンジしてください。行動しなければ、何も始まりません。**「やってみたいけど、失敗したら嫌だからなぁ」という考えであれば、いつまで**

たっても物販で成功することはできません。

親は子どもに、ピアノ、水泳、書道、空手、サッカー、絵画など、いろいろな習い事をさせます。それは、子どもが好きなものや向いているものを探したいからです。もちろん習い事には、月謝だけでなく用具などのお金がかかりますが、子どもの才能を見つけるための投資だと親は考えています。

副業も同じです。物販の種類によっては、最初にある程度まとまったお金が必要な場合もありますが、それも自己投資の1つと考えましょう。そして、実際にその物販をしてみて、シンプルにその副業を楽しめるのであれば、それはあなたに合っているということです。目標金額を定め、その目標を達成したら、目標をさらに上に設定し、階段を1段ずつ上がるようにステップアップしていきましょう。

5 大量出品&薄利多売なら会社員人生のほうがラク

そもそも物販と一口に言っても、売るものは小物から不動産や車まで、さまざまな種類があります。**副業初心者がまず手を出しがちなのが、大量出品&薄利多売ですが、これだけはおすすめできません。**なぜなら、とても大変だからです。私自身も、この大変な物販から始めました。

小物を仕入れて1個売って利益が300~500円程度。最初に何が売れるかリサーチをして、大量に商品を仕入れ大量に販売するので、とにかく時間がかかります。

私は会社の日も休みの日も、友達と遊ぶ時間があったら自分1人でコツコツと副業をしていました。睡眠時間は3~4時間。早くても寝るのは夜中の3時、遅ければ4時です。そして、朝は7時半や8時に起きて、8時半に家を出ていました。

物販を始めたころは、これくらいやらないとなかなか結果が出ないとメンターに言われたからです。実際、その通りで、この生活を続けていると会社員の給料を超えることができます。しかし、同じ給料であるなら、正直会社員のほうがラクです。

ここで、副業をやめて会社員に戻る（本業だけにする）人が大半です。私自身も結果を出したものの、会社員と同額の給料を稼ぐために月700個も売らないといけないわけですから、疲れて死にそうで、サラリーマンに戻りました。とはいえ、サラリーマンの給料だけでは生活がラクとは言えず、再び副業を始め、やはりヘトヘトに疲れてサラリーマンに戻るということを3回繰り返しました。

小物を大量に安く仕入れ販売するのは、意外と結果が出て達成感もありますが、とにかく単価が安いので、時間との闘いです。

例えば新品の物販は、同じ商品の大量買いをします。そうすると1個の単価が安くなります。1個1000円の商品が100個まとめて購入すると2割引（1個あたり800円）になるといった具合です。海外から直接仕入れるともっと安くなる場合もあります。写真も説明文もコピー&ペースト（コピペ）して出品するだけなのでラクですが、価格競争と在庫のリスクが高くなります。Amazonでも、6000円で出している同じ商品が3000円で売られている場合もあります。安いところは工場が直販しているケースも多く、勝ち目がありません。

古着の物販は1ロット500枚で5万円程度（1枚あたり100円）で仕入れることができるので人気ですが、とにかく作業量が多くなります。仕入れた古着は、たいていゴミ袋のような袋にクシャクシャな状態で入っています。商品の写真を撮るときはアイロンをかけないといけないですし、穴が空いていたりほつれがあったりするものは修復し、ニオイがするものは洗濯をし直します。

1着の平均利益が150〜200円、上手な人は500円程度になりますが、初心者が150円の利益で月収20万円に達するには、1カ月に1333枚も売らないといけません。これはクラクラと気の遠くなる数です。

そこでたどりついたのが「ブランド品物販」だったというわけです。ブランド品物販は趣味と同じで、いろいろなテクニックと勉強が絶対条件です。

ブランド品は、仕入れ値が10万円、20万円とするイメージで敷居が高いと思われがちですが、キーケースといった小物は1個500円、1000円で仕入れることができます。

仕入れた小物をリペアする技術も必要ですが、その技術さえ習得すれば、500円が1万8000円で売れることもあります。しかも古着物販と違って、売るための場所を取りません。

あなたなら、どの副業を選びたいですか?

6 睡眠3時間の世界が楽しくなったら、成功はすぐそこに見えている

物販で成功するまでには、ある程度の時間を辛抱するべきなのですが、例えば3年辛抱するとして、2年と11カ月31日目までが収入ゼロで、一晩明けた3年目に収入が爆増するというわけではありません。その間、山あり谷ありですが、つらい日々を乗り越えられるのは、その苦しみに見合った、お金という対価が得られるからです。

もし、つらいだけで報酬が少なければ、誰も物販をしたいとは思いません。もちろん物販もコツをつかむまでは大変ですが、300時間、3000時間の経験を積むと、「出せば売れる＝儲かる」というゾーンに入ってきます。

やればやるほど見返りも増え、睡眠時間を削ってリペア＆出品をするようになり、私の場合は3年間、睡眠時間3〜4時間で平日も休日も、朝から夜まで仕事に没頭していました。

当初はサラリーマンとして働きながらだったので、帰宅後にリペアと発送準備をし、本気のときは寝るのが深夜2時か3時、朝も5〜6時に起きて商品を撮影し、通勤時間中もスマホで商品をサイトにアップ。周りからは「あいつ、大丈夫？」と心配されていたようですが、私自身は「楽しくて仕方ない」「やりたくて仕方ない」という感じでした。

1分1秒たりとも休むヒマがない狂気の3年間でしたが、自分には確実に目標に近づいている感覚がありました。その後、自分1人ではどう頑張っても1日24時間以上の仕事はできないので、代理店という形にしてさらに収入を増やしました。

この3年間は、もちろん体力的には非常につらかったのですが、売れて売れて楽しくて夜も眠れない、お金が増えて増えてたまらないと、アドレナリンが出まくり、ハッピーな気持ちが続いていた3年間でした。

このようなランナーズハイ的な幸福感を味わえたなら、ゴールはすぐそこです。

7 副業＝お金を払う＝詐欺の固定観念から脱却しよう

私の会社に、いきなり「スクールの金額を教えてください」という電話がかかってくることがあります。そういう人は、基本的に「無料＝正義、有料＝悪」という考えを持っています。無料で教えてくれる人は善人なので、そういった人を探そうという発想です。

しかし、大金持ちになる人は自己投資をしたり、何度も失敗したり、いろいろなお金を使って、ようやく今の収入を得ていることを知らないのです。なぜか「簡単なすごい情報が無料で転がっていて、それを探した者がお金持ちになっているんだ」と思い込んでいるのです。

少し話が逸れますが、私のところに来ている代理店の方で、クラフトワークが趣味の女性がいました。クラフトワークはハンマーで金具を叩いて革に模様をつけたりするので、材料である革はもちろん、穴を開けたり、革を切ったりするための道具一式をそろえるのに何十万円とかかります。

そうやって作った作品を、フリマアプリやハンドクラフト販売アプリなどで販売しているのをよく見かけますが、おそらく材料費だけでも2000円や3000円がかかっているのだろうに、1000円前後の販売価格です。これでは完全に赤字です。

有名な作家さんの作品であれば、2万円や3万円でも売れますが、無名の作家さんは、どこでも安く買い叩かれています。世の中には「素人の手作り作品なんて、1000円で十分。買ってあげているのだから感謝しなさい」ぐらいの考えの人もいるわけです。そして、**1000円で販売している人は、とても「いい人」ですが、決してお金持ちになることはない**でしょう。

世の中、「最初にお金がかかるのは詐欺です、気をつけてください」というのが、あちこちで声高く言われています。しかし、それは真実でもあり、嘘でもあります。

例えば、一般的なフランチャイズのコンビニや弁当屋さんでも、最初に100万円単位のお金がかかります。仕事を始めるにあたって、最初にお金がかかるのは当たり前なのです。なのに、なぜか副業は違うと思っているのが不思議です。

副業に「稼ぐためのすごい秘訣《ひけつ》があって、その情報を聞いてちょこちょこっとやるだけでお金がわんさか入ってくる」というイメージを持っていませんか？

事実、私の弟も以前、「お兄ちゃんがやっている副業をちょっと教えてよ」と言ってきたので、「いいよ。でも、毎日教えて半年ぐらいかかるよ」と答えたら、「え～？そんなにかかるの？」と驚いていました。おそらく、3～4分話を聞いて、それをするだけでお金持ちになると思っていたんでしょう。甘いですよね。

私の代理店さんも、結果を出している人は、事務所に毎週通って勉強しています。週1回ぐらいのペースだと、月100万円ぐらいの収入になるまで2年ぐらいかかります。しかし、着実に収入は上がっていきます。

同業者でもスクールを2日で20万円とか25万円でやっているところもありますが、たった2日学んだだけで稼げるようにはなりません。そういったスクールで教えてくれるのは、たいていリペアのみで、リペアだけ学んでも、商品撮影のコツや説明文の書き方、仕入れのノウハウを知らなければ稼げるようにはなりません。

そういうスクールは、すでに副業を始めている人がリペア技術向上のために通う場所ですが、初心者はそれを知らずに通い、「20万円も払ったのに、全然、儲からない。詐欺だ」と吹聴するわけです。

そのため「お金を払う＝詐欺」という考えが世間に広まってしまうのです。


そもそもリペアを習得しようと思ったら、半年習ってようやく一人前です。そんな技術を2日で習得できると思うほうが間違いです。

副業で成功する人はむしろ、「タダほど高いものはない」と、無料の情報や格安のスクールこそ警戒をしています。

「無料スクール開催中」として人を集めても、教えてもらえることは100工程あるうちの、1個か2個です。それでも「無料で教わった」と喜ぶ人はいますが、それがお金につながることはありません。結局、残りの後半は有料というのが一般的です。

しかし、「有料＝悪」と思っている人は、そこでやめてしまいますから、結局、いつまでたっても稼げるようにはならないのです。

8
貧乏副業vs金持ち副業
情報はお金を払って得よう

ここで言う、貧乏副業とは「お金を使いたくない」という人のことです。こういう方は、無料の情報を探しています。自分の考えと自分の力で成功できると思っていることが多く、人から教わろうとしません。

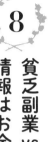

しかし、新入社員のころや、転職したてのころを思い出してください。会社では、上司や先輩に仕事のノウハウを教わりましたよね。さらに言えば、小学校・中学校は義務教育なので無料で授業を受けられましたが、高校・大学などでは授業料を払って教わっています。受験勉強をするために塾代を払って勉強した人もいるでしょう。このように、**何かを学ぶためにお金を払うというのは、至極当たり前のことなのです。**

しかし、これが副業となると「自分でお金を稼ぐということ＝ラッキー（大儲けできるコツを見つけたら稼げる）」と思っている方が多いようです。そのため、情報を得るためにお金を使うことを渋りますし、無料で情報を盗みたいという考えが強くなります。

世の中、ネットなどでいくらでも情報を得られますが、核心となる情報は無料で手に入れることはできません。お金を払ったり、人脈を築くなどしてようやく入手できるものなのです。

一方、成功者となっている金持ち副業とは、どんな人でしょうか？

金持ち副業とは「お金は、どんどん使う」という人です。もちろん、ただ単に浪費が激しいという意味ではなく、**自分のステップアップ、次につなげるためにお金を使う**人です。

例えばブランド品物販のスクールなどもそうです。スクールは十万円単位も当たり前なので、貧乏副業の人にとっては高額だと感じるかもしれませんが、スクールには金額以上の価値があります。

スクールは、お金を払って技術やノウハウを学ぶだけの場所ではありません。先生とつながることができたり、同業者が勉強のために参加していることも多いので、人脈ができます。仲良くなれば先生や同業者の取引先を紹介してもらうことも可能です。

そこを理解して自分のステップアップのためにお金を使うことができるか？　それが貧乏副業と金持ち副業の違いなのです。

9

スクールやコンサルは受け身ではなく対面で

現在、私の会社で代理店をしている人の中には、副業に何度もチャレンジして失敗してきた方がたくさんいます。

例えば、Aさんは「お金をかけずに成功できます！」という有名ユーチューバーの言葉を信じ、5年間、そのユーチューバーの動画を見続け、それなりに実践していましたが、一向に収入は増えませんでした。

しかしある時、「お金をかけずに成功できます！」という動画の再生回数がすごいことになっているのに気がつきました。このユーチューバーは、再生回数を増やして儲けるために、9割の会社員が喜びそうな「ラクして儲ける」動画を単にアップしていただけだったのです。

その後、Aさんは「無料では、本当に有益な情報が手に入らない」と、YouTu

beで知った有料のスクールやコンサルに次々と入会しました。そこでは、副業のノウハウやスキルアップの動画やデータを販売していて、動画１００本、ＰＤＦデータ１０００枚というように、大量のデータで勉強をすることになりました。

しかし、途中でそういったスクールやコンサルは、集客するための動画や資料作成がメインの仕事であることが分かり、生徒さんには「動画を見て勉強してください」「資料を読んで実践してください」と、何もフォローはありませんでした。

そんな数々の煮え湯を飲まされ、Ａさんは巡り巡って私のところにやってきたのですが、最初の面接で、「地獄の厳しい世界の切符を買うのですが耐えられますか？」と私が言ったことに対して、衝撃を受けたそうです。なぜなら、これまでＡさんが接してきたスクールやコンサルは、どれも「ラクして稼げる」ことをうたい文句にしていたからです。

しかし、「地獄の厳しい世界」とは裏腹に、事務所では毎日たくさんの人が楽しそうにリペアや撮影、出品を頑張って、しかも結果も出しているので、私を信じてついていくことを決めたそうです。

私の副業スクールは、1回入会すれば利用無期限です。事務所で実際に会って、リペアの技術や商品撮影のコツ、説明文の書き方などを手取り足取り教えるだけでなく、実際に出品した商品もチェックし、値段を下げるタイミングや、下げ幅などもきちんとアドバイスします。

しかも、朝10時から夜10時まで事務所を開けています。事務所には道具もあるのでその場で教えることもできますし、私が買い付けで不在にしているときも先輩に気軽に聞くことができます。地方に住んでいる方でも、ＳｋｙｐｅやＺｏｏｍなどを利用して、週に何回も指導を受けられます。

どうして私が、ここまで親身になって売れる極意を教えるのでしょうか？　それは、私がオークションで仕入れてきた商品を皆さんに卸しているので、皆さんの商品が売れると、私も儲かるからです。まさに、ＷＩＮ－ＷＩＮの関係です。

週1回ほど事務所に来ている60代の方は、「このスクールを選んだ理由は、実際に会ってもらえる方を探していたから」と言います。稼ぐためのノウハウを、事務所を構えている人に対面で教えてほしいと思っていたそうです。なぜなら、ほとんどのスクールやコンサルは、ネットで申し込んで動画やPDFを見られたり、対面だとしても1日10万円とか2日で15万円で終了する講座を受けられたりするだけだからです。

朝の2時間座学をし、お昼休みをとって午後に3時間、そんな5時間や10時間で、副業で稼ぐコツが身につくはずがありません。

「対面で教わるなんて面倒」と思っているうちは、儲けることはできません。

10 これまでの負け組、勝ち組は関係なし ブランド品物販は平等に戦える！

「人は見かけで判断しない」というのは建前で、本音を言ってしまえば、外見が整っている人は、どこの会社でもすぐに就職が決まるものです。「きれいな人やかわいい人は、人生が簡単にうまくいってお得だなぁ」と思います。

しかし、物販の世界では美貌が通用しないので、これまでお得に暮らしていた人が必ずしもうまくいくとは限りません。これまでの人生が勝ち組だった人は、見た目や年齢、性別、雰囲気、声、学歴などでうまくいっていた面もあるでしょう。しかし、ブランド品物販では、これらは一切関係ないのです。

例えば、見た目が地味で、就職もうまくいかず、決まったとしても日雇いの仕事しか見つからなったような人でも平等に戦えます。人前でニコニコするのが苦手で、会社の面接でも落ちてばかり、職場でも仲間外れにされていたという人も、ブランド品物販では結果を出すことができるのです。

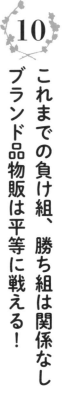

では、どのように平等であるのか、ご説明しましょう。

年齢

この仕事に年齢は関係ありません。何歳でも結果を出す人はいます。中でも、趣味やスポーツでそこそこの結果を出してきた人の場合は、より成功しやすい傾向にあります。

私の事務所の出品代行さんで、売り上げトップは21歳です。彼女は小学校のころから書道を習っていて高校も書道科に進学し、書道を極めていました。彼女は、私の事務所に来て２カ月目で売り上げ２位となり、３カ月目からずっとトップに君臨しています。彼女は出品代行だけをしており、13時、14時に事務所に来て夕方には帰るので、時給換算すると１万～１万５０００円です。

リペアの筆を使って色を塗る点が書道と共通していますが、何よりも彼女は、上手な人の技術を真似するのがすごく得意なのです。やはりお手本を見ながら習得した書道の経験があるからではないかと思います。

学歴・経歴

国公立大学や有名私立大学を卒業したり、一流企業に勤めていた、海外で活躍していたといった経歴は、ブランド品物販にはまったく関係ありません。逆に学歴も経歴もなく、今までうまくいっていなかったけれども、これはうまくいくかもしれないとピンと来た人のほうが結果を出しています。

例えば、最終学歴が中卒や、高校を中退した人でも、子どものためにお金を稼ぎたいという人や、夢や目標に向かって貯金をしたいという人のほうが成功します。

性別

男女平等社会とはいえ、出産や育児で休職を強いられる女性は、出世街道から外れてしまいがち。しかし、物販では性別も関係なく結果を出すことができます。力が必要な肉体労働ではなく、繊細さが求められる仕事なので、男女差もあまり出ません。

外見

これまで見た目で損をして苦労した人も、まったく関係なく戦えます。

事務所に来ているシングルマザーの21歳の女性は、首筋や指など、見えるところに小さなタトゥーが入っているために、なかなか普通の仕事ができませんでしたが、物販は関係ないのです。

体の不自由な方

いろいろな人が世の中にはいらっしゃいます。私の事務所には、耳が聞こえない26歳の女性がいます。耳が聞こえず、話せないので、これまでいろいろな仕事をやっても正社員になれず悔しい思いをしていたそうです。

しかし、物販の場合は関係ありません。教えるのは少し大変な部分もありますが、ＬＩＮＥでやり取りができるので問題ありません。彼女はまだ始めたばかりですが、細かい作業やコツコツと作業することが好きで得意なので、今以上に収入も伸びると思います。

11 自己投資は惜しまず、失敗は恐れず稼ぎたければ、常に勉強し続けよう

先の項目でも触れましたが、物販で成功するまではもちろんのこと、成功してからも自己投資は惜しまないことです。

リペアのための道具は言うまでもありませんが、私はリペアスクール代におそらくトータルで2000万円くらい投資しています。スクールにも数カ所通い、物販のコミュニティも作り、勉強会を開催し、私が教えた人たちが代理店として独立してさらにスクールを始めると、そのスクールにもお金を払って聞きに行きました。立場的には私のほうが師匠ですが、リペアの技術は個々の工夫や試行錯誤の蓄積ですので、弟子からも学ぶことはたくさんあります。

自己投資をケチる人もいますが、物販で成功するコツをあげるとしたら、**自己投資は3本指に入るぐらい大切なこと**です。

例えば、年商何十億円という会社を作った教え子は、今でも自己投資を続けています。スクールへの参加費、道具代、サイト掲載費、税理士コンサルなど、自己投資額は毎月８００万〜２０００万円ほどだと言います。税理士コンサルには毎月20万円を支払っているそうですが、コンサルを受け始めてから会社がどんどんと大きくなり、ここ４年で渋谷にお店を構えるようにまでなりました。

また商品の仕入れも、ある意味自己投資です。状態のきれいなものばかりではなく、「このリペアに成功したらすごい」というような状態の悪いものを仕入れ、実際にリペアをしたものの、案の定、失敗してしまえば、その仕入れ金は損失になります。私も、これまで２００万円分ぐらいは損失していますが、「失敗してもそれが勉強」です。

年商何十億円も稼ぐ教え子は、わざわざ自分で失敗するような商品を選んでいるような節《ふし》すらあります。**失敗を楽しむというより、勉強のために、わざと失敗をする**ようなことを探しているのです。成功者は、失敗が大好物と言えるかもしれません。

12 本当の成功者から教われ！結果を出しているプロの師匠を探す

仕事にしろ、スポーツにしろ、「誰に学ぶか」は重要です。そして物販も、独学でコツコツとやるよりも、本当の成功者に教わることが成功への近道となります。

では、どうやって本当の成功者である師匠を見つけたらいいのでしょうか？

求人サイトで物販をやっている会社やフランチャイズで物販を運営している会社を見つけて働きに行く方法があります。また、物販をしている人の本を読み、その人に直接コンタクトを取って弟子入りする、というルートもあります。

しかし、ここで「本物」かどうかを見分けるチェックポイントがいくつかあります。

会社名、所在地、本名を出しているか

詐欺まがいの怪しい会社の場合は、会社のHPでも住所を書いていなかったり、途中までしか書いていなかったりすることもあります。

また、住所が書いてある場合も必ずＧｏｏｇｌｅマップなどで検索をしてみましょう。たまに畑にマッピングされたり、どこかの駅の住所になっていることがあるので注意が必要です。

ＳＮＳや動画で集客をしているか

これは、集客している場合がＮＧです。物販をメインにしている場合、私もそうですが、事務所に何人もお弟子さんが来て、リペアや販売を教えたり、写真撮影や商品の仕入れなどを教えています。

物販の好きな人は、基本、商品を触ったり見たりするのが好きなので、物販の社長さんはＳＮＳや動画などで集客しているヒマがありません。

年齢よりも若く見えるか

私の周りで成功している人、物販でお金を稼いでいる人や社長さんは、例外なくアンチエイジングにお金をかけています。スポーツクラブで体を鍛えたり、サプリメントを飲んだりしている人も多いです。

やはり物販で成功している人というのは、商品に対して審美眼の鋭い人が多いですから、きれいなもの、美しいものに敏感です。当然、その目は自分自身にも向けられます。成功した美容師に、ボサボサ頭の人がいないのと同じ理由です。

中古相場で2000万円以上の車を2台以上所有している

フェラーリ、ランボルギーニ、メルセデスAMG、BMW、ランドローバーなど、中古でも2000万、3000万円以上の車に乗っている人は、確実に成功している人というのが分かります。そういう結果を出している人に教わることで、そこのステージに行くまでの道がひらけます。

逆に個人事業主で会社をやっていても車が安い輸入車であれば、いくら「あなたも年収1000万円超えますよ」と言われても信用に欠けます。その人に近づいたとしても、せいぜい安い輸入車止まりなのです。

私が教えてきて成功している人も、やはり中古車相場2000万円以上の車を買っています。特に物販が好きな人は、基本〝もの〟が好きなので車も好きという人が多いわけです。物販の師匠は、ある意味物欲の塊です。

正直、物欲を持つというのは今だと〝古い考え〟と思われることも多いようですが、物販をやっている人はものが好きな人が多いので、車やバイクが好きな人も意外と多く、それらを持つことを目標に頑張っている人も多いのです。

中古品の買い付けにオークション会場などに行くと、レクサス、ベンツ、ＢＭＷといった車が多く停まっています。ブランド品物販をやっている人は、やはりブランド品を扱っているだけに、そのブランドに見合うような車に乗っている人が多いのです。

13 経済や需要と供給の仕組みを知りアコギな商売と割り切れるか？

1年以上物販を続けているのに、なかなか売り上げが伸びない人がいます。リペアはできるのですが、スクールに入って2週間の新人さんにどんどん抜かれていくのです。どうしてだと思いますか？　それは、**高値で売ることができないから**です。

物販、特に中古品を売る場合は、マインド的なものが大きく影響します。真面目な人ほど、「安く仕入れたら安く売る」という考えをしがちです。

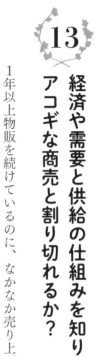

500円で仕入れて1000円で売るのと、500円で仕入れて2万円で売るのと、どちらが儲かるかは一目瞭然です。しかし、ここで、「2万円で売るのは悪いな」と思ってしまうと、売り上げを伸ばすことができません。

そこで面接時に、「この仕事は〝アコギ〟なんですよ。このボロボロの2000円で仕入れたものを2万円で売るんですよ。悪徳だとは思いませんか？」と話し、「え

〜、逆にワクワクします！」という人は向いていますが、「私は、そういう売り方は苦手です」という人は、当然向いていません。

よく考えてみれば世の中のブランドものは、ほとんどが原価の何十倍もの価格で販売しています。デパートで売っているウン万円もする化粧水の原価が１００円なんてこともザラです。ハイブランドのバッグも、専門店のスタッフは10分の１の値段で買えるときもあるので、原価はたかが知れています。しかし誰も「詐欺だ！」とは言いません。

日本は安く売ることが美徳とされていますが、そのマインドでは儲けることはできません。高く売り、高く買うことで、その分経済が回り、日本の経済もよくなっていくはずです。

14 会社で上司にコキ使われた人が物販副業の世界では輝く

物販は、会社で上司にコキ使われた人が意外と輝く副業です。私の代理店にいるI君は、元アパレル店員でしたが、周りのスタッフから「休みを交代して」とよく頼まれ、朝から晩まで働かされて精神的にまいってしまい、仕事をやめて物販の世界にやってきました。

上司に「コーヒーをみんなの分買ってきて」とパシリをさせられたり、退社時間直前に「これをやっといてよ」と押しつけられたり、虫の居所の悪い上司に「何やってんだ！」とやつあたりをされたり、先輩に「このアイデアいいね」と手柄を取られたり、「後輩にお手本を見せてあげて」と新人ができないようなキツくて面倒くさい仕事を頼まれたりしても、「はい！　頑張ります」と、笑顔で我慢をしてこられた人こそ、この物販の世界では光り輝くダイヤモンドになれる可能性を秘めているのです。

そもそも、部下が10人いたとして、上司はその10人を均等にパシリに使ったり、怒鳴ったりしているわけではありません。「こいつは怒ったら歯向かってくるだろう」という人や、「怒鳴ったら、もう会社に来ないだろう」という人に対しては怒りません。

中には、上司が怒ってもへこたれない「怒りやすい人」がいるわけです。どんなことでも、「はい、やります」と何でも言うことを聞き、上司にとって使いやすい人がいます。そんな人が物販では成功をつかめるのです。

ではなぜ、このコキ使われるタイプの人が成功できるのでしょうか？

このタイプの人は、内気な人、使いやすい人、言いやすい人、説明しやすい人……と会社では損な役回りをしていますが、こういう人は、絶対に人前では出さなくても、心の中では「あの上司を超えてやる！」とか、「あの上司をいつか見返してやる」という気持ちが強いからです。

しかし、結局、そういったガミガミ言う上司が出世する、というのが一般的な会社のパターンです。そこで、その**悔しさの思いの丈が副業で花開く**というわけです。

副業やビジネスの成功本を何冊も書いている人がいますが、その人たちは「僕は頭がよくないですが、成功することができました」と言いつつも、有名な大学を出ていたり、「万年落ちこぼれでした」とあっても、よく読むとビリギャルではないですが、超進学校の中でのビリであって、一般平均に比べたらはるかに頭がよかったりします。

私の場合は、地方都市の私立高校（都会と違い、当時の地方の私立高校は地元の県立進学校に行けない子たちの受け皿でした）に進学し、勉強が嫌いでスポーツに逃げていてギリギリ高卒の学歴です。

40代後半までずっと30年間サラリーマンとして普通に生きてきて、車はもらいものの軽自動車、妻も普通の会社員。社会人になっても仕事と趣味の繰り返しの平凡な人生。正真正銘の凡人です。むしろレベルの低い凡人です。

その凡人が、物販で成功し、会社経営をするほど利益をあげることができたのです。

「自分は凡人だから」と思っている人こそ、物販に向いているのです。

15 利益率の高い副業は技術力を身につけることから

10年ほど前になりますが、スペインで『この人を見よ』という19世紀の壁画が、地元の素人のおばあちゃんが「修復」をした結果、元の絵と似ても似つかぬ絵となり、「モンキー・キリスト」と揶揄《やゆ》され、世界中で話題となりました。

スペインでは専門家でない人が絵画の修復をすることを禁止する法律がないため、こういった惨事が多発しているそうですが、多くの国では高い技術を持った絵画修復士（保存修復士）にしか芸術作品の修復はできません。

ブランド品物販のリペアも、まさに絵画修復士と同じです。**リペアをしたか分からないレベルに、きれいに修復できる技術が必要**です。例えば、色がはげている部分をリタッチするときも、あからさまに色が塗られていたら、誰も購入しません。

さらに**出品をするときも、写真の撮り方や光の当たり具合に工夫が必要**です。例えば、ちょっと反っているような商品も、角度によっては大きく反って見えたり、目立たなく見えたりします。そのため、よりよく見せる勉強も必要です。

光にしても、オレンジ色や真っ白の色など電球の色も違います。商品の状態や色によっても、オレンジ色の光が商品を引き立てる場合があったり、白い色のほうが引き立つといった違いがあります。

私の事務所には、写真を撮る部屋が3部屋あります。各部屋で照明やコンセプトが違っており、どの部屋で撮れば一番きれいに見えるかも考えないといけません。また、売れなかった場合は、なぜうまくいかないかを考えて改善していかないといけません。

そのため、薄利多売の数を売る副業に比べると、10倍から20倍の勉強が必要です。しかし、リペアや撮影の技術を身につければ、少ない商品で大きな利益が望めます。細かい作業も慣れてくれば、初心者がリペアに1日かかるようなボロボロのものでも、1〜2時間で終わりますし、簡単なリペアで済む商品であれば、1個あたり10〜15分で終わることができます。

短時間で利益が大きく出るようになれば、会社員との両立もラクになります。勉強してリペアや出品テクニックを極めるほど高く売れるようになるので、私がそうであったように、会社員の月給30万円＋副業90万円、トータルで月収１２０万円も決して夢ではないのです。

16 売れなかったら殺される？本気&死ぬ気で副業をやる

私の代理店で、どんどん利益が大きく出ている方は、「**数売る・早く売る**」を徹底していています。リペアをして1日10個出品するまで昼ご飯を食べないと自分でノルマを決めています。そして、夕方4時、5時に昼食をとった後、次の日に出品するものをリペアします。その結果、年商20億〜30億円以上の会社になっています。

しかし、ほとんどの人は自分を律することができません。「8個しか出品できていないけど、お腹が空いたからご飯にしよう」とか、「疲れたから、リペアは明日でいいかな」となります。人間、どうしてもラクなほうへとズルズルといってしまいます。

そのため、私の代理店では、契約して契約金をいただいた後、最初の3カ月で分からないことや疑問点を徹底的につぶせるように、勉強会に無料で出席してもらっているのです。始めるときも、契約書とは別に誓約書として「3カ月は徹底的に勉強します」というようなものを書いてもらっています。しかし、この勉強会すら続けられない人も多く、私が「次の勉強会は、いつ参加されますか？」と言っても、次第に連絡が来なくなる人は少なくありません。

〝副業＝ラクして儲ける〟を望んでいるのかもしれませんが、そんなラクな商売はありません。私はメンターから、よく「死ぬ気でやれ」と言われていました。

私は新人さんによくこう言います。「今月中に、利益はいいから10個売れなかったら、マフィアに捕まってコンクリートに埋められて海に沈められると思ってやりなさい」と。そういう状況になれば、先生に聞いたり、うまくいっている人に聞いたりして、必死になって売り、結果を出せると思うのです。

もしできずに最悪な状況になるとしたら、自分はどういう行動を取るか？　極限の状態を想像して、自分に合った極限を考えて副業に取り組んでください。

17 誰でも最初は副業初心者 素直に人を信用する心が大切

この世界で成功する人は、圧倒的に**素直な人**です。

例えば、会社に入って、「新人さんは、お茶くみやトイレ掃除をお願いします」と言われて「はい！」とやる人と、「私はこの会社に雑用をするために入ったわけではありません」と盾突く人がいますが、どちらが成功するかと言えばもちろん前者の人です。コンビニでアルバイトを始めて初日から「私は店長の仕事がしたいです」と言ってもできないのと同じで、お茶くみやトイレ掃除を嫌がらずに素直にできる人が成功をします。

また、自分の上司のことを信用できる人も、成功しやすいタイプです。

仕事も自分であれこれ考えるよりも、上司に聞いたほうが早いですし、「部長、確認させてください。これでいいですか？」と一言あったほうが、もし仕事で失敗しても部長が「いい」と言ったわけですから、間に入ってくれるでしょう。「何かあったら自分の責任ではなく、きちんと上司に確認しました」ということなので、あざといと言えばあざといですが、上司を信用して行動をしたわけですから、たとえ自分が間違った方向にいったとしても、上司も「俺のことを信用してくれたからだ」と怒ることはありません。

つまり一番怒られるのは、勝手にやって勝手に失敗して勝手に隠して、後でバレて問題が大きくなってしまったというパターンです。

私自身、サラリーマンを20年、30年やってきたので分かりますが、上司に何でも聞いて教えてもらって仕事ができるようになっていくように、副業も同じように副業を教えてくれる人、先生や師匠を信用し続けるのが成功できると思います。

成功しない人は、途中で信用している人を怒りの対象に変えてしまい、そこで成長がストップしてしまいます。

例えば、私の娘の話になりますが、娘が小さいころ「これを食べてごらん、おいしいよ」と見せるのですが、緑色のもの＝野菜というイメージがあるので、「ヤダ！」

と言って聞きません。「でもおいしいよ」と口の中に入れてあげると、急に「おいしい」と言うわけです。

そうやって親を信用しているうちはいいのですが、小学生ぐらいになると「パパしつこい」と始まって、「おいしいから本当に食べてみな」と言っても逃げたり、「食べたくないって言ってるでしょ！」と逆に怒ってきたりします。結局、食べず嫌いのままなのです。

小さいころは、色を見ただけで「ヤダ！」と言っていたものでも、口の中に入れれば「おいしい」と笑顔に変わったのに、成長するにしたがって「もう絶対にヤダ！」となるわけです。

副業も同じです。最初のうちは先生や師匠を信用して、嫌だなと思いながらも受け入れ、実はそれが成功につながることであったと後で分かったりしますが、ある程度副業をしていると、自分の考えが出てきたり、先入観も増えてくるので、先生や師匠の話を信用しない人も出てきます。

しかし、それが副業の成長を止めてしまうブレーキなのです。

小さい子どもが親を信用するように、副業初心者は師匠や先生の言うことを信用し続ける心を持つことが、成功には必要なのです。

18 最初から「ラク」を選ばない苦労した分だけ成長がある

「ラクして儲けたい」というのは、誰もが思うところですが、最初からラクを望んでいる人は、その時点で成長しないと思っていいでしょう。

最初にラクを選ぶと、次はもっとラクをしたいとなりますし、さらにその次もラクをしたいと、ラクなほうへラクなほうへと流れ、結局、結果は出ません。

そこで**成長したいと思うなら、最初に一番厳しい道を選ぶこと**です。

例えば、ブランド品物販の場合、ラクな商品というのは少し汚れをふけば取れる程度で出品ができるものを指します。しかし、ひどい商品となるとカビや傷、裂け、汚れ、ほつれなどがあります。

当然、ラクな商品は誰もが欲しがりますので、仕入れる値段も高くなり、利益率も10%、15%程度です。仕入れ値が高いからといって、利益欲しさに売値を上げれば売れ残ってしまう可能性が高くなるでしょう。

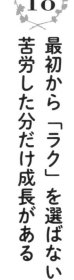

しかし、傷や汚れのある商品を丁寧に磨いて、ほつれを直すと3000円で仕入れた商品が6000円、7000円で売れたり、2万円近くの値段がついたりする場合もあります。

対価となるのは収入だけではありません。自分の経験という、お金では買えない対価を得ることができます。

例えば、色があせ、傷がつき、ホックが破損した仕入れ値1000円のキーケースを、どうしたら売れるようになるか一生懸命考え、人に聞きながらいろいろなところを何回も直していくと、1つのキーケースをリペアするだけで、さまざまなことが勉強できます。**欠点が10個あれば、その商品1個で10個の勉強ができる**ということです。きれいな商品の場合は、1個しか欠点がなければ、1つのことしか学べません。

当然、そこまで欠点がフルコースの商品は、リペアに苦労するので仕入れ値も安く、ルイ・ヴィトンのキーケースでも100円、300円という値段で入手することができます。それをリペアして8000円、9000円で売ることができれば、それがまた自信へとつながります。

しかしそれが分からない人も多く、ひどい商品を渡すと「私だけ嫌がらせをしているの?」「こんなの、売れるわけないじゃない!」と、勝手に思って怒る人もいます。

そのため私は、事前に「こういう商品をやってみたいですか?」と聞くようにしていますが、そこで「やりたくないです」と答える人は、もうその時点で成長はできないなと思っています。皆がやりたくない商品をリペアする経験をコツコツと積み重ねることが、誰よりも儲かるコツなのです。

最近入った男性は、当初は「こんなひどいのをやるんですか?」と驚いていましたが、私が「これができるようになったら、これよりひどいものはないですよ」と言ったところ、納得してその商品を仕入れていきましたが、意外ときれいに仕上がり、出品したとたんに即売。彼は最初の1週間で10個全部売り切れて、1カ月で20個を販売しました。

それから汚くて安い商品が大好きになったようで、汚いほどワクワクするそうです。こういうマインドの持ち主こそ、副業で成功をつかむのです。

19 副業は自動車教習所に通う気持ちでやると成功する

私の代理店に加入する費用は、自動車教習所に通うのと同じぐらいの金額です。自動車教習所は、地域によっても違いますがだいたい40万円ぐらいかかります。教習期限がすぎてしまえば退校になりますし、仮免許証の有効期限が切れてしまえば、修了検定や学科試験を受験しなくてはいけません。さらに卒業後、1年以内に管轄の運転免許試験場で学科試験に合格しなければ、免許証をもらうことができません。

運転免許は、早い人で3週間から1カ月、そうでなくても普通に通っていれば2～3カ月で取ることができます。やはり人間、**この「期限がある」というのは、心理的プレッシャーでもあり、真面目に勉強するきっかけになる**のではないかと思います。

最近の若者はクルマ離れで免許を取る人も減っているようですが、私が高校生のころは、3年生になると、こぞって車の免許を取りに行ったものです。しかも、中学や高校のテストでは赤点ばかりという子でも合格していました。

また、教習所の学科の授業や技能教習も、自分でカリキュラムを見て事前に予約を入れないといけませんが、それもきちんと予約をし、指導を受け、途中で検定を受け、誰もが問題なく運転免許を取得しています。

うちの副業に比べたら、自動車教習所に通って運転免許を取るほうが、よっぽど難しいと思います。

ですから、運転免許を取得したことがある方は、自動車教習所に通うのと同じ気持ちになって、3~4カ月、副業に向き合ってほしいのです。

副業も教習所のように期限があり、行かないといけない状況を作れば、絶対に結果を出すことができます。そのため私は勉強会を開き、代理店になった方には予約を入れて来てもらっているのです。

20 趣味のために副業するのではなく趣味が副業になると、お金も増える

私の代理店に、40代後半で物販を始めた妻子持ちの会社勤めの男性がいます。その方は、釣りが趣味で休みの日は釣りに行くか、行かない日はダラダラと家ですごしていたそうです。海釣りに行くためには、船の代金が1回あたり2万～3万円かかります。お小遣いでは足りないので、趣味のお金を副業で稼ぎたいというのが、物販を始めたきっかけでした。

ところが、物販で稼げるようになってきたら、趣味の海釣りに行きたいという気持ちがなくなり、副業をもっとしたいと思うようになりました。趣味が副業になったのです。

副業を始めて、わずか2カ月ですが、副業をしてお金が入ってくるのが楽しくて楽しくて仕方ないそうです。

魚釣りも、1000円の餌《えさ》を買って行けば、魚が釣れますが、キーケースを買って

リペアをすれば、1000円が5000円、6000円になります。安い商品を毎日ちょこちょこ売り、今日も3個落札、休み明けの月曜日は6個落札、とやっていると、魚釣りで魚が釣れるような楽しみがあるというのです。

私もブランド品物販が、もはや趣味になっています。しばらくブランド品に触っていない時間があると、やりたくなる衝動が起きます。

昨日も午後3時に娘をプールに連れて行くために仕事を切り上げ、その後、帰宅してから夕飯を食べ、お風呂に入れたり宿題を見たりして、娘を9時に寝かしつけてから会社に来て、午前2時ぐらいまで仕事をしていました。

仕事をやらなくてはいけないから会社に来たのではなく、仕事が楽しいから会社に来ているのです。ブランド品は同じ財布であっても、1つ1つ状態が違うので毎回、見ていて楽しいのです。仕入れた商品が入っている袋を開けて、1つ1つ取り出して見ているだけでワクワクします。

お酒が趣味の人が、グラスに入ったブランデーを眺めてニヤニヤしていたり、ゴルフが好きな人が鼻歌まじりでゴルフクラブを磨いているのと同じかもしれません。

このように副業は、**趣味性が高いほうが長く続きます。**

さらに思わぬ副産物もあります。

例の釣りが趣味だった男性は、物販を始める前までは魚釣りに行きたいという気持ちが強く、休日に家にいても家族の相手をするのは面倒に感じていたそうですが、今では朝から娘さんとカフェに行ったり、家族と外食に行ったり、家族を大切にできるようになったというのです。

物販を始めてお金に余裕ができ、身近な存在である家族のためにお金を使って家族に喜ばれると、ますます稼いで家族を幸せにしたくなります。

お金を使う趣味ではなく、お金を稼げる趣味で幸せも手に入る、まさに一石二鳥なのです。

21 副業は才能がある人よりも習慣化できる人が最後に勝つ

このブランド品物販では、才能がある人のほうが早く成果を出すので、小さい結果で満足をしがちです。才能のある人というのは、手先が器用で飲み込みが早い人のこと。そういう人は、結果を出すまで集中して努力もできるので、1カ月、2カ月でポンと結果を出せるのです。

しかし、こういった才能がある人は、短期集中決戦で満足をしてしまい、その後は怠けてしまう傾向があります。1～2カ月で、月20万円稼げるようになると、「自分はこのビジネスは完璧にマスターしたので満足。だから別のことをやってみよう」と、他の副業に手を出すケースも多いです。

もちろん、そういった方は、いろいろなことにチャレンジするのが好きで、新しく始めた副業も頭を使って結果を出しますが、1～2カ月で、また別の副業をやりたくなってしまいます。

瞬間風速で月40万円、80万円を稼ぐことができますが、なかなか1つの副業を続け、それを大きくするのが難しいのです。収入をその10倍、20倍にするには、会社組織にして利益を上げる必要があります。リペアした商品を売ってもらう人を雇ったり、人材育成をしたり、人に教えるために道具を買ったりするだけでなく、自己投資も必要です。そして**何よりも大切なのは、その仕事を継続すること**です。途中でやめてしまったら、当然、その先に進むことはできません。

では、どうしたら継続することができるのでしょうか？

副業で成功している人は、副業を継続できる方法を探し、習慣化できるように考えて行動し、実際に習慣化させています。

例えば、サボりたい願望がある人は、145ページで紹介したように、お母さんと一緒に副業を始めて厳しく尻を叩いてもらえば、続けられるでしょう。

リペア&出品が習慣化でき、1人ではこれ以上収入が伸びないと思ったら、人を雇う方法もあります。

例えば、自分はより専門的な技術が必要なリペアに専念し、販売を他の人に任せるようにするわけです。その時に、「最低、週○個、○日に預けます」と約束すれば、リペアをしてその日までに準備しないといけません。そういった販売専門の方を5～6人頼めば、毎日のように「次の商品をお願いします」となります。

これがまた大変ですが、これが〝軌道に乗る〟ということです。

それでも忙しくなったら、今度はリペアができる人を育成する段階に入ります。1人増え、2人増え、どんどん会社が大きくなっていきます。こうなれば、あなたの収入は2倍、3倍と増えていきます。

「自分1人で結果が出たら満足。私はいつでもお金を作れる人間だから、次の副業ビジネスをやろう！」と次から次へと副業を渡り歩く才能ある副業ジプシーは、目先のお小遣いは増えても、結果的には成功できないのです。

22 小さくて安いものは副業の基本給に大きいものをボーナスと考える

会社員の給料にも、基本給と手当やボーナスがありますが、副業にも基本給とボーナスという考え方があります。

私は初心者の方には、まず**安い商品をたくさん売る**ようにと教えています。数を売ることで信用が上がるからですが、それ以外にも「基本給になる」というメリットがあります。

キーケースは、仕入れ値が5000〜7000円なので、自分の持ち出し分が少なくて済みます。さらに、リペアをしても6000〜1万7000円という値段で販売するので売れやすく、ほとんどの人が3日程度で売れます。

ウン万円の財布や、ウン十万円のバッグは、売れるまでに1〜2週間や1〜2カ月かかる場合もありますが、キーケースは出したら売れる、もはや定番商品。スーパーの商品で例えるなら、牛乳や卵と同じで、売れ残ることはまずありません。キーケースの利益が1個売って5000円だったとしても、月に20個売れたら10万円の利益になります。

そこで賢い人は、キーケースを定期的に仕入れて、基本給代わりにしています。そして、たまに長財布がポツンポツンと売れれば、さらにプラスアルファで月20万円ぐらいの収入になります。これが副業で言う「ボーナス」です。

やはり1週間に1個も売れないとモチベーションが下がります。キーケースなどの**安い商品で回転させつつ、ボーナスみたいな商品がたまにボンと売れるのが、副業のテンションが下がらず長く続けるコツ**でもあります。

小さいものは最初はやりたくないと言っていたにもかかわらず、この「基本給」を実感してからは、好んでキーケースを仕入れるようになり、最近では月100個以上仕入れる人もいます。慣れてくれば1個2万円で売ることもできるので、まさに昇給する「基本給」と言えるでしょう。

23 魔法の極秘ノウハウは毎回有効だとは限らない

副業を始めるにあたって、「魔法の極秘ノウハウを知りたい」と思う方は多いと思います。あなたも、「本当は、松浦は魔法の極秘ノウハウを知っていて、そのノウハウを使うと簡単に稼げるんでしょ？」と疑っていませんか？

実は、小さな魔法の極秘ノウハウというのはたくさんあるのですが、この魔法は毎回使い続けられるものではなく、**すぐに新しいノウハウが出てくるので、やがて古くなって使えなくなってしまう**のです。

例えば、リペアのテクニックや売り方、写真の撮り方などは、次々と新しいノウハウができるので、そのたびに勉強会を開いて取り入れていますが、だんだんと新しいノウハウが通用しなくなってきます。そして、いつのまにか古いノウハウは消え去っていくのですが、みんながやらなくなったころに、ひょっこりやってみると、その古いノウハウが復活することもあったりします。

写真の撮り方も、「自然光がいい」となると、瞬く間に自然光で撮る方法が広まりますが、「実は自然光よりも室内の蛍光灯のほうが、商品がきれいに撮れる」となると、室内撮影が一気に広がります。そして、もしもっときれいに撮れる方法が見つかれば、そちらへと移行するでしょう。

とはいえ、レンズつきカメラで撮った昭和のレトロ感のある写真がブームとなる日が来る可能性もゼロではありません。

商品も「これが売れる」となると、バーッと売れますが、すぐにその商品の価値は下がってきます。そしてほとぼりが冷めたころに売ると、また高値で売れることもあります。つまり、**ノウハウも流行も進んだり戻ったり**なので、こちらもいろいろと工夫が必要なのです。誰もが知りたがるような、１つの魔法がずっと通用する世界ではないのです。

24 「無料で稼げる」「5万円が1億になる」は売れる本だが、稼げるようになる本ではない

ビジネスに関するベストセラー本やYouTubeの人気動画の多くは、「無料で稼げる」とか、「投資で5万円を1億に増やす方法」とうたっています。そして、会社員の9割が、そういった本が大好きです。実際、私も好きでした。

確かにそれらを参考にして結果が出た人はいると思いますが、すべての人が結果を出せるわけではありませんし、特に投資は、お金が一気になくなるリスクもあります。

無料で稼げたり、5万円が1億円になったりするのは、宝くじに当たったり、万馬券を当てたりするようなものなのに、そういった内容のビジネス書を読んでしまうと、そういう宝くじ的な副業を探そうとしてしまいます。

「あの本には、無料で稼げると書いてあったので、自分も無料で稼げる副業を探そう」とか、「投資で稼ぐ本を読んだから、自分も投資を始めよう」とか、それを信じてずっと夢物語の副業を探し続け、結局、お金持ちにはなれないというパターンです。

しかし、副業で実際に儲かっている人は、9割の会社員が共感したり求めたりする内容には興味がありません。なぜなら、そんな簡単に一攫千金《いっかくせんきん》がかなうわけがないと知っているからです。

世の中に出ているビジネス書は、ある意味、「サラリーマンに夢を与える本」です。9割の会社員は、「ラクして儲かる」方法を探していますから、本には彼らにウケるような、読んでワクワクすることばかり書かれています。

そういう意味では、この本は現実を突きつけるような厳しい内容かもしれません。

しかし世の中、簡単に稼げる副業などありません。しかし、苦労をすれば確実に稼げるようになります。副業で儲かるためには、まずはそこに気がついてください。

25 プロスポーツ選手と同じことを1日だけやっても、プロにはなれない

例えば、1日だけイチロー選手と同じメニューを朝からこなしたとします。翌日は筋肉痛で動けなくて、もうそれで諦めてしまったとしたら、まったく成長がありません。

しかし3カ月間、毎日イチロー選手と同じメニューを繰り返したら、多分、体重は減っているでしょうし、運動神経もよくなっているでしょうし、もちろん野球も上手になって、すごく成長しているはずです。

つまり何事も**1日しかやらなければ、やっていないのと同じ**だということです。

これは、小さいころに習い事をした経験がある人なら、実感として分かってもらえるのではないでしょうか。習い事は、小さなことを積み重ねて極めていくものであり、ビジネスや副業もまったく一緒です。

習い事に行くと、最初は「上手ね！」「その調子！」と褒められていたのが、だんだんと細かいことを教わるようになります。スイミングでも、最初は水面に顔をつけただけでも「すごい！」と褒めてもらえましたが、上達するにつれて水をかくための手の角度など、細かいことを教わっていきます。

私はピアノを習っていましたが、最初は楽しく片手で弾くだけでしたが、上達するにつれて先生の指導も細かくなり、しまいには「鍵盤を叩くときの強さだけでも10段階に分けてくださいね」と言われました。弱いドから強いドまで、力の入れ加減を10段階にするのです。

音楽も、歌も、人を感動させるには単調なものよりも強弱が大切というわけですが、これらの強弱についても、ピアノ教室に入った初日には、決して教わることはありません。何日も何カ月も何年も教わって始めて、さらに上を目指すことができるのです。

26 店長や役職に就くくらいの行動と勇気が必要

副業で成功するためには、会社員で言うと店長や役職がつくぐらいの行動と勇気が必要です。

入社して1~2年で店長や課長、部長といった役職に就く人もいますが、中には10年かかる人もいます。では、この違いは何か。それは、考え方の違いです。

店長になるためには、どういう行動を取ったらよいか、社長からどういうふうに見られないといけないかをまず考えないといけません。さらに、日々新しいことにチャレンジをしたり、さまざまな決断をして会社のビジネスを軌道に乗せたりといった、会社の利益になることもしなければいけません。

それらを繰り返していくことで、上司や社長から認められ、役職がつくようになるわけです。

副業も同じで、収入を増やすにはどうしたらいいか、販売個数を増やすにはどうしたらいいかを考えて、副業の師匠に聞いたり、勉強会に参加をしたり、積極的に自分で行動を起こさないといけません。ですから、**サラリーマンで昇進が早い人は、副業でも早く成功することができます。**

これまでアルバイトや契約社員などの経験しかなく、店長や部長といった役職に就いたことが1回もない人は、どうやって結果を出せばいいか分からないかもしれません。しかしながら、副業でも、経験を積むために、いろんな仕事に勇気を持ってどんどん挑戦することが大切です。ほとんどの人は、自分から手を上げて仕事を増やしたくないと思うかもしれませんが、仕事が増えることで、さらに仕事が楽しくなり、やり甲斐も上がります。

「もっと稼ぐ方法はないか」「売れるためにはどうしたらいいか」と考えて行動し、その結果、売れて稼げるようになれば、ますますやり甲斐が出てくるはずです。

27 常に仕事や相手に対して感謝の気持ちを持つこと

私の事務所では老若男女関係なく、さまざまな経歴の方が代理店さんとして稼いでいます。現在、一番年齢が上の方は60代です。

まだ入られたばかりですが、会社経営をいくつかされていた方で、会社を子どもたちに譲り、自分はリタイアして自由な時間ができたので、何かしようと探しているうちにこのブランド品物販に興味を持ち、始めることにしたそうです。

やはり、社長の地位まで昇りつめた方は、何歳になっても向上心があって素晴らしいなと感じます。

さて、その方から私に勉強会の予約ＬＩＮＥが来るのですが、必ず毎回、一番最初に「感謝しています」という言葉を書いてくれるのです。

「感謝しております。今度の24日土曜日、12時から18時の間で勉強会の予約はできますか？」といった具合です。

年齢的にも人生経験的にも、私よりもずっと先輩なのですが、勉強会も毎回楽しんで聞いていただいています。そして、私のことを「先生、先生」と言って慕ってくださり、「出品したので見てください」と報告もいただきます。

毎回「感謝しています」とLINEが来るのは、この方が初めてです。私は、そのたびに「いつもありがとうございます」と返信します。感謝をされると、私もさらに一生懸命教えてあげたいという気持ちになります。まだ始めて間もないので数個しか売れていないですが、売れるたびに大変喜んでくださいます。

実はブランド品物販では、商品を「売ってやる」という姿勢ではなく、**「買っていただいて感謝」という謙虚な説明文のほうが、早く売れやすい**傾向にあります。皆さんも想像してほしいのですが、「ぜひ購入をご検討くださいね」「お気に召さなければ返品は全然大丈夫ですよ」といったような、気さくで話しやすい文面とそうでない文面とでは、どちらの人から買いたいと思いますか？　答えは明白です。

フリマアプリのルールでは、相手が返品したいと言ってきたらそれに応じないといけないのですが、こちらが「返品は受け付けません。匿名発送で、私の住所も名前も教えません」というような強気で上から目線の文面では、相手はもしかして変なものが送られてきて、しかも返品できないのでは？と疑ってしまいます。

しかし、優しそうで、相手への気遣いができて、「こちらの商品を見ていただき、ありがとうございます。商品を少しでも使ってみて気に入らなかったら返品も全然大丈夫ですので、何かありましたらご連絡ください」と書いてあるほうが安心します。

「謙虚で話しやすい＝物販では買いやすい」ということを頭に入れ、常に感謝の気持ちを忘れないことが、ブランド品の物販で成功する秘訣なのです。

第3章

ブランド品物販成功するメソッド

実践編

28 アンチがついたら一人前 誹謗中傷はスルーするスキルを

世の中、自分は何も努力をしないのに（もしくは努力していると思っているけれども、全然努力が足りていないのに）、人の成功や幸せを妬む人がたくさんいます。私もネットで誹謗中傷をされたり、評価のコメントに悪く書かれたりしたことがあります。さらに、身近な人からの嫌がらせも受けました。

会社員の場合は、同僚の恨みを買うといったこともあるかもしれません。もちろん副業を応援してくれる人もいますが、好意的な人だけとは限らないのです。

私はこのビジネスを始めたころ、本業ではバイクのレンタル店の店長をしていました。最初は電車やバイクで通勤していたのですが、途中から少しよい車で通勤するようになったところ、車を傷つけられたことが2回ありました。

警察に被害届を出すと「この傷のつき具合は、あなたの近くの人だと思いますよ」

と言われました。警察官によれば、イタズラで傷をつけてバッと逃げたりする傷と、恨みを晴らしてやるというような傷は違うとのこと。私の車の傷は、下地の金属が見えるぐらいの傷だったので、10円玉のような手軽な道具ではなく、きちんと準備した上で傷をつけたのだろうと警察官は話していました。

実際、結構深い傷でしたが、リペアが得意なので、自分で元通りきれいにしました。ちなみに塗装代が１５００円かかりました。

さすがに精神的に凹みはしますが、自分の中で〝ブーメランの法則〟があると思い、犯人探しはせず、私はプラス思考でそのまま忘れるようにしました。

人間、自分がうまくいっていなければ、うまくいっている人を見ると、妬ましい気持ちになるのは分からなくもありません。妬まれるということは、自分がうらやましがられる立場になったんだと、前向きにとらえるようにしましょう。

29 目標は販売個数ではなく1日あたりの出品個数を決めてクリアする

物販で具体的に1日にどれぐらい販売すれば成功と言えるのでしょうか？　たとえばインターネットを使用した物販で、筆頭にあげられるような古本などを安く仕入れ出品するいわゆる「せどり」や、物販でも出品だけを専門にする場合は、1日50個出品すると、1日あたりの売上が約2万～3万円程度見込め、かなり成功と言える状態に近づくのではないでしょうか。

ただし、リペア込みで行うブランド品物販では、リペアに時間が取られるので、さすがに1日50個は難しくなります。

リペアの場合、状態のあまりよくないものであれば安価で仕入れることができますが、リペアにかなりの時間がかかります。反対に状態のよいものであればリペアに時間はかかりませんが、仕入れ値は高くなるので、一概にどちらがいいとは言えません。

ただ私の周りの代理店さんを見ていると、多くの人はだいたい1日1個か2個をリペアして出品しています。結果を出している人の中には、リペアを含めて1日7〜8個出品している人もいます。リペアをして1日10個程度出品ができる人は、過去に2人ぐらいしか見たことがありません。しかし、そういう人は現在、株式会社を設立し、年商30億や40億円を稼ぐいわば〝大〟がつくほどの成功者になっています。

物販の場合は、それが本業か副業か、育児や家事、介護などの合間に行っているのかなど、人によってかけられる時間が異なります。ですから販売個数目標も人によって異なります。

まずは、**自分で1日ごとのノルマを決めて、それを確実に達成していく**ようにするとよいでしょう。

30 会社が遠い人こそ物販・副業のチャンス 通勤時間を有効に使おう

副業関係のビジネス本を読むと、ほとんどが「副業の時間を確保するために、会社の近くに引っ越して通勤時間を減らしましょう」と書いてあります。実際、皆さんの中にも、「会社が遠いから副業はできない」と諦めている人もいるのではないでしょうか。

しかし、これはフリマアプリなどを使った物販であれば関係のないことです。私の周りでは、むしろ通勤時間が長い人ほど成功しています。中には栃木から東京まで毎日通勤している方もいました。そういった方は、通勤電車に乗っている時間を副業の時間にあてていたのです。

ですから、会社が遠くて、電車通勤が片道2時間かかる人は、むしろ物販副業に向いていると言えます。なぜなら**通勤時間が長い人こそ、その時間を集中して物販のた**

めにあてることができるからです。

私自身も、サラリーマンと並行して副業を行っていた時代は、朝、家を出てからバスで駅まで行く30〜40分、さらにそこから1時間半の電車の時間、つまり片道2時間、往復4時間の時間を、強制的に副業の時間にあてていました。

バスや電車の中で、どういった仕事をしていたかというと、お客さんとのやりとりや画像調整、出品作業、売れなった商品の上げ直しなど。また、自分の説明文をもう一回読み直したり、勉強のための本を読んだりすることもできました。

逆に、会社が近い人は副業をするにあたって、相当、気持ちを強く持たないといけないと言えます。会社から10分、15分で家に帰ると、ついソファで横になってスマホでゲームをしたり、テレビでドラマを見てしまったりします。

そういう人は、逆に会社から遠いところに住み、電車通勤の中で副業をやるというのもありだと思います。

朝の通勤と帰りの通勤で副業をし、帰宅後に夕飯を食べ、お風呂に入ってまた副業をして睡眠と、1日の生活をそういうスケジュールにしてしまえば、1日に3回も副業ができる時間があります。しかも通勤時間は、テレビを見たりソファで横になったりできないので、例えるなら締切を抱えた小説家やマンガ家がホテルに軟禁されてやらされているのと近い状況で仕事に集中できます。

また、電車通勤ではなく、車通勤で1時間や1時間半かけている人もいると思います。そういった人は渋滞を避けて早く家を出て、会社の近くのファミレスでスマホ片手に物販の仕事を、朝食をとりながらするのがおすすめです。

例えば私の知り合いでは、会社に行くのに7時半に家を出ると2時間ぐらいかかるところ、6時に家を出ると1時間で着くので、その浮いた1時間をファミレスで副業の時間にあてていました。

ですから家が遠くても、有益な時間はいくらでも作れるのです。

31 どんな商品も3日で売り切る回転率を高くするのがコツ

私の場合は、「出品したら３日で売り切る」というのが基本です。

これは、薄利多売＆大量出品の副業を経験して慣れている人にとっては、なかなか頭の切り替えができませんが、ブランド品物販に関して言えば、たくさん出品して売れないままで置いておくのは、危険な状態です。

商品を出しておけば、「いつかは売れる」という考えになってしまい、気がついたら在庫の山、という状態にもなりかねません。

ですから**「出品したら3日で売る。売れなかったら1週間で売る」**というのを徹底することです。

利益が５００円でも、たとえマイナス５００円になってもとりあえず売って次に行くこと。次の商品が利益３０００円で売れば５００円を引いたとしても２５００円プラスになるわけですから、トータルで考えていける人が、この世界で強くなります。

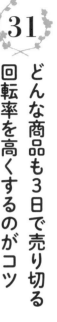

では、なぜ早く売るとよいのでしょうか？

それは、早く商品をたくさん売っている人のアカウントは、下のほうに表示される**今まで売れた商品がずっと「SOLD OUT」で表示されるから**です。トップに今販売中の商品が5～6個表示されていて、残りはすべて「SOLD OUT」という見え方になるので、すごく人気のアカウントと思われるのです。

皆さんもそうだと思いますが、やはり人気のある人から買いたいもの。

それに、売れ残りがズラーッと並んでいるよりも、数個しかないと早く買わないと売り切れてしまうという心理も働きます。

32 安く売る方法ではなく高く売る方法を考える

ブランド品物販を始めたばかりの人は、「ブランドものだから出品しておけば、いつかは売れるだろう」と思っている人が大半です。

しかし、そこで思考停止をしてしまえば、これ以上成長することはありません。

商品は3日で売るのが鉄則であると前の項目でもお話ししましたが、もし自分が出した商品が3日で売れないのであれば何が悪いのか、どうして売れないのか、自分より高値で売っている人はどうして高値で売れているのか、理由を探すようにしましょう。理由を考えられる人のほうが、結果を出すことができます。

逆に安く売っている人を見て、「これよりも安く売らないといけないのかしら」と考えている人はなかなか物販でうまくいきません。例えば3000円で仕入れた商品と同じものを2000円で売っている人がいた場合、「私は1900円で売らないと、商品が売れない。それだと赤字だから、もっと安い仕入れ先を探さないといけない」という思考回路に陥ると、ブランド品物販は先に進まなくなります。なぜなら、自分がどうして売れないのか研究もせず、改善もしなければ、その人自身の成長がなくなってしまうからです。

例えば浄水器を売っている営業マンがいたとします。浄水器は訪問販売でもホームセンターでも売っていますし、サブスクリプションのサービスを利用すれば月額で購入することもできます。そんな中、営業マンは、どうしたら高い浄水器を売ることができるのかを考え、**付加価値をつけて相手に買ってもらわないといけません**。

よくテレビ通販などでも、意外と普通のものを、いかにも価値があるかのように相手に伝えて販売しているのを見かけますよね。では、どうしたら付加価値がつくのでしょうか？

ダイヤモンドなどは、ダイヤの原産国へ行き、採掘労働者が土を掘っている現地の写真を見せたり、プロの職人さんがカットを施して磨く映像が流れたり、商品が完成するまでのストーリーやエピソードに重点を置いています。

その商品の前振りが長く、「やっとこのスタジオに届きました」となると、それだけで商品の価値が上がります。さらにカメラアングルによってダイヤがキラキラと輝き、「本来であればウン十万もするところを、今日、この番組を見ている方だけの特別価格２万９８００円でご提供します」となれば、すごく安く感じてつい買ってしまいますが、実際に商品が家に届くとそんなにキラキラしていないこともあります。

ブランド品物販も同じなのです。**出品時の説明文に商品のストーリーやエピソードを書き加えたり、そういったストーリーやエピソードをイメージさせる写真をつけ加える**だけで、今まで売れなった商品が急に売れるようになることがあります。

この工夫ができるかできないかで利益が変わってきますし、この工夫ができるようになるには、成功している人に聞いて勉強をするしかないのです。

33 スクールは学ぶだけの場所ではなくビジネスのステップとして活用する

世の中には副業のスクールがたくさんあります。しかしネットの口コミなどでも「スクールに行ったけれども、全然稼げなかった。あのスクールは詐欺だ」というのをよく目にします。実際、詐欺まがいのスクールも多いとは思いますが、私からすると、稼げないのは、**その人のスクールの使い方が上手ではないから**だと思います。

そういう人は、ブランド品物販に関するスクールに通っても、リペアの技術などを教わるだけで終わりです。

スクールで先生とつながったら、リペアの技術だけでなく「どういった商品を仕入れたらいいですか？」とか、「私でも簡単に売ることができそうな商品はどれですか？」と、商品についても聞いていくと、スクールの先生も「ちょうど、あなたができそうなものがあるから、試しに仕入れてやってみる？」となります。

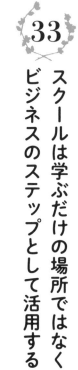

そして、実際に売れた場合は、ＬＩＮＥでいいので先生に「売れました！」と報告をしましょう。私も、教え子から「昨日、教わったアドバイス通りにしたら、売れました」という報告をもらうと、とてもうれしく感じます。

最初は「1個売って5000円の利益が初めて出ました」という報告だった生徒さんが3カ月ぐらいして「1個で2万円の利益が出ました！」「8万円の利益が出ました！」と、報告の金額が上がっていくとうれしいですし、報告や連絡をたくさんしてくれる人を信用するようになり、こちらも高額商品に化けそうな商品を仕入れたら、その人に連絡してみようかなという気持ちになります。

信用は積み重ねです。小さな成功体験でも師匠や先生に連絡しましょう。それだけで相手にも信用もされるし、それが仕事にもつながっていくというわけです。

34 最初の1カ月はフリマサイトの信用を得ることを重視する

ブランド品物販をするにあたって、初心者の場合は**最初の1カ月が一番厳しく大変な時期**だと思っていいでしょう。

初心者の場合は、リペアの勉強会に参加したり、手元に商品があってもリペアの方法を、私のところに何度も聞きに来たりするなど、リペアに時間がかかります。

商品の写真撮影にも時間がかかります。プロのカメラマンが撮ったような写真は撮れませんし、だからといって素人の写真のような汚い仕上がりでは、商品も魅力的に見えないだけでなく、信用も得られません。そこでなんとか2日ぐらいかけて500枚ほど撮影し、ようやく撮れた奇跡の3～4枚で出品するわけです。

当然、ここまで手間をかけて1個の商品を出品しているわけですから、2万～3万円の利益が欲しいところです。しかし、最初は利益が500円でも1000円でもいいので、売れたらいいやという気持ちでないと売れません。とにかく私は、「**販売履**

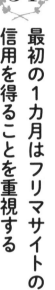

歴を20個作るまでは、利益を乗せずに安く売れ」と教えています。

なぜなら、販売履歴がゼロの人が、いきなり高額なブランド品を出品すると、購入者はもちろんフリマサイト側からも「この人は偽物を売っているんじゃないのか？」「変なものを送ったりしないか？」と不安がられるからです。

また、最近はフリマサイトもブランド品売買に厳しくなり、ハイブランドの商品をアップすると、掲載されるまで審査に2〜3時間ほどかかることもあります。おそらく、スタッフ側で何か確認を取っているのでしょう。

また、特に初心者や販売履歴がない人に対しては、「購入先を明記してください」と連絡が来ることもあります。

例えば「数年前に旅行をしたときに買いました」ではNG。「4年前、ハワイに行ったときに、どこどこのショッピングモールに入っている、どこどこの店で記念に買いました」というように詳しく書かないといけません。その時に買ったレシートを取ってあるとなおよいですが、なかなかそこまでしている人はいないでしょう。

また、フリマサイト側のチェックだけでなく、新しく始めた人の商品の説明不足などのミスを狙ってフリマアプリに通報する同業者もいます。通報されると出品が1回停止になり、フリマアプリ側がその商品を確認し、ミスがあれば「文言のここが足りません」「ここを改善してください」と連絡が来るというわけです。

フリマアプリでは4万円の財布を2万円で仕入れ、ピカピカにきれいにリペアして2万2000円で売るのが基本です。利益は2000円しかありませんが、購入者は「普通は4万円ぐらいするのに、こんなにきれいな商品がこの値段で買えた」と大喜びをします。するとコメントにも、「すごくきれいな状態の商品を、お安く買えて大満足です。ありがとうございました」と書かれるわけです。

以前は、初心者でも長財布やがま口財布などが売れましたが、最近はキーケースぐらいしか売れなくなってきています。「**1個100円とか300円で仕入れたボロボロのキーケースを頑張ってリペアして、7000〜8000円で販売しましょう**」と私もアドバイスをしています。1万円以下の商品であれば、割とすぐに売れます。

このように、とにかく販売履歴とお客様からの評価を高くすることで、フリマサイト側にも「この人は大丈夫」と信用され太鼓判を押されると、ポンポンと出品できるようになり、他の人から通報されても消されるようなことはなくなります。ですから、まず「信用を得ること」を考えましょう。

35 まずは小さい利益で評価をコツコツと積み重ねる

ブランド品物販は、主にメルカリなどのフリマサイトで商品を販売していますが、もしあなたがフリマサイトで見ず知らずの人からブランドのリユース品を買うとしたら、まず何をチェックしますか？

もちろん商品の状態や値段も大切ですが、まずは**販売履歴や口コミ、星の数を見る**と思います。また、出品履歴が1個か2個の出品者から、いきなり10万、20万円もするバッグを買おうとは思わないですよね。まったく同じ商品で、同じ値段の品物があった場合、販売経験が多く、口コミや星など評価が高い出品者から選ぶでしょう。

しかし副業を始めたいという人の中には、これを理解していない人が多いのです。

ブランド品物販をゼロから始めるには、繰り返しになりますが1000円で仕入れたキーケースのような、リペアに手間がかかる小さいものを4000円で販売するところから始めないといけません。

私の教え子の中にも、初めての出品なのに「私は、そういう安い商品はあまりやりたくありません」と言ってきた方がいました。要は大変な仕事をして収入が少ないものはやりたくないということです。この世界では、１個売って２万、10万円の利益になることは当たり前ですが、最初からラクして稼ぐことはできません。

高い商品を売る場合は、ブランド品を売った履歴が必要です。こちらとしては、「なら、その金額で１回やってみたらどうですか？」としか言えないので、見守っていると、やっぱりうまくいきません。いきなり高い金額をボーンと設定して出品しても、動きがないので、本人もなす術がなくてそのままジーッとしています。

金額の高い商品だから、「出せば売れる」と思うのは大間違いです。最初は地道にコツコツと、安い商品で信用を積み重ねていくことが大切なのです。

例えば利益2万円にこだわったAさんと、コツコツと販売個数を増やす努力をしたBさんを比べてみます。

1カ月目

Aさん…「利益2万は譲りません」で、販売個数ゼロ、利益ゼロ。
Bさん…「安売りで数を売ります」で、販売個数7個、利益1万5000円

2カ月目

Aさん…「利益2万は譲りません」で、販売個数ゼロ、利益ゼロ。
Bさん…「値段を少し上げて数を売ります」で、販売個数15個、利益7万5000円

3カ月目

Aさん…「後半値下げをしました」で、販売個数1個、利益3000円。
Bさん…「数も質も上げます」で、販売個数24個、利益14万円

このように、Aさんは3カ月のトータル利益が3000円、Bさんはは23万円になりました。どちらがよいかは言うまでもありません。

最初は、販売履歴を20個以上作るために安売りをすること。そして、**「頑張って撮影に1時間もかかったので、最低2万円の利益が欲しい」というような考え方は捨てること**が大切です。

撮影や出品は1時間以内でできるので、時給換算で1000円でもラッキーだと思うことが大切です。むしろ初心者の出品は、時給ゼロと考えるべきです。

最初から大きい利益を狙っても商品は売れません。購入者やアプリサイトからの信用を得ることで、2カ月目、3カ月目の売り上げがドーンと上がってくるのです。

36

太陽光で撮るのが一番いいのか？検索上位結果が正しいとは限らない

中古ブランド品をフリマアプリで売る場合、「写真はどういう光を使って撮ったほうがいいですか？」とネットで検索すると、一番上に「太陽の光で撮るとよい」と、たくさんのサイトがあがってきます。

ところが、太陽光で中古のルイ・ヴィトンのバッグや財布の写真を撮ると、余計に汚く見えるのです。そもそもきれいでないものは、太陽の光を浴びることでより一層汚く見えてしまうのです。

しかし、ネットでは一番上に「太陽光がよい」と出てくるため、ほとんどの方がそれを信用してしまいます。窓を開けて写真を撮ったのか、外に干していた洗濯物が背景に映り込んでしまっているものを以前見たことがあります。

モデルさんや料理を撮影する際に太陽光を使うこともありますが、太陽光でも強い影が出るので、きれいに撮るためにはそれなりに準備が必要です。

　実際にプロが撮影したダイヤモンドやジュエリーなどの広告に使われている写真で、太陽光で撮っているものは、ほぼないと言っていいでしょう。ああいった写真は、スタジオでストロボをたいて、細かく光を計算し、商品が最高の状態で映るように撮影しています。

　ですから、色あせているお財布を、屋外に置いて太陽光に当てても、ツヤがなくよく色あせてボロボロに見えるだけです。逆に室内で、影や照明をうまい具合に使うと、今度はきれいに見える写真が撮れるようになります。

「太陽光が一番」というのは、誰でもインターネットで、無料で手に入れられる情報ですが、果たしてそれが正解なのかというと、意外と間違っている場合も多いのです。

結果を出すには、１つ１つ正しい情報にリーチすることが大切です。

37 安いものを探して売るのではなく普通のものを高値で売る

ブランド品物販で、仕入れを自分でするようになると、とにかく安いところを探すようになる人がいます。「もしかしたら、もっと探せば、安いところがあるかもしれない」と、1000円でも500円でも安い仕入れ先を探すことに労力を使っている方が多いですが、それは「ちょっと待った」です。

基本的に中古商品は、車やバイクなどもそうですが、かなり商品に当たりはずれがあります。特に財布、バッグ、キーケースといったものは、オークションで100万円分買ったとしても、そのうちの30万円分はリペアのしようがない商品が入っていたりします。

私の場合は、だいたい8割ぐらいはリペアして販売できると考えて仕入れていますが、ホックも直せると思って仕入れたのに交換が必要な状態など、最終的には手間ばかりかかって、仕入れ値より低い額でしか売れないこともあります。つまり、仕入れの段階で赤字になってしまうこともあるのです。

ですから、例えば1つ3万円の商品を30個仕入れたとしても、3割は2万円や2万5000円にしかならない商品だという可能性もあるのです。そして4割が4万円で売れる商品、残りの3割が10万円で売れる商品です。

そこでオークション会場などで、商品を卸す側の人間は、2万円にしかならない商品はもっと安く卸したり、10万円で売れるものは高く卸したり、もしくは利益が出る商品と利益の薄い商品を抱き合わせで卸したりしています。

また、最新モデルや限定品となると、どこのブランド品物販の業者さんも欲しいですからオークション会場でも卸値が上がります。それでも人気があるからと、1000円でも安く仕入れられそうな仕入れ先を探し、リペアをして売ったとしても、利益を乗せようとすれば、さらに売値が高くなるので、全然売れない＝在庫になってしまうという事態に陥ります。

結局、13万円でバッグを仕入れて、14万円で売れて利益が1万円というならまだしも、在庫の期間が長引けば「最新モデル」という価値もどんどんなくなっていきます。そのため、泣く泣く値段を12万に下げて売って赤字になってしまったなんてこともあります。

それならば、**500円のキーケースを1万円で売ったほうが、よっぽど儲けになる**のですが、最初はここに気づいていない人がたくさんいます。1000円安く仕入れるよりも、リペアの技術を向上させ、「普通の商品や安い商品を高値で売る」ことを勉強したほうが、結果的には儲けることができるのです。

38
朝の通勤前30分を有効活用！朝食は通勤時間中にとる

先にもお話した40代後半の男性は、入って2カ月で40個近くを売っています。

彼は優しそうな雰囲気で、最初は「この方、大丈夫かな？」と思い、「副業は結構厳しい世界なんですよ」と言ったのですが、今でもコツコツと頑張っています。

私がある日、どういったタイムスケジュールで仕事をしているか聞いたところ、「よくビジネス本に、朝、早起きして仕事をするといいとあるのですが、早起きは苦手なので、家族が朝食を食べている横で商品撮影をしています」と答えてくれました。

この話を聞いて、なるほどと思いました。朝は、頭が一番すっきりしている時間帯です。しかし無理に早起きをすれば、まだ眠くて目がシャキッとするまで時間がかかります。

ところが彼は、いつも通りに起き、朝食をとっていた出勤前の15～30分ぐらいの時間を商品の写真を撮ったり、出品したり、軽くリペアをしたりする時間にあてているそうです。

朝はバタバタして時間がとれないとか、逆にゆっくりテレビを見ながらご飯を食べてすごすという人がほとんどです。しかし彼の場合、自分の朝食は、家族におにぎりを作ってもらったり、通勤途中で菓子パンを買ったりして、電車を待っている間に駅のベンチで食べたり、会社に着いてからサッと食べたりするそうです。

このように朝の時間帯に商品写真を撮ってしまえば、通勤電車の中で商品をサイトにアップしたり、会社の昼休みにも商品の説明文を書いたり、購入者とのメールのやりとりなどをすることができます。


当然、仕事から帰ってきた後の、夜の時間が副業のメインタイムとなります。リペアの場合はボンドを使ったり、塗料で塗ったりするので、乾かす時間が必要となるため、夜にリペアをし、朝起きたら乾いて完成しているというサイクルがぴったりなのです。

このように、副業の時間を1日1回にまとめて行うのではなく、時間を分けたり、通勤時間や会社の休み時間を活用したりすることで、かなり効率よく仕事ができます。しかも、彼のように朝食の時間を作業時間にあてるスタイルであれば、通勤前に無理なく時間を作ることができます。

毎朝15分でも、１カ月毎日やれば15分×30日＝４５０分、約７〜８時間になります。１日30分時間を作れれば、その倍です。リペアや出品に慣れてくると、時給換算で５０００〜６０００円になりますから、１カ月の副業時間が７〜８時間増えれば、単純に月収も４〜５万円増えることになるのです。

39 親と一緒に副業を習慣にすると信用力も収入も2倍になる

「親と一緒に副業をやりましょう」と言っても、特に若い方は「親と話したくない」「親と一緒にいると居心地が悪い」「親に縛られたくない」「親に怒られたくない」「親と一緒に副業をやると喧嘩《けんか》になるに違いない」と、「親と一緒に副業をやるなんてありえない」と思う方もいるでしょう。

しかし、私の代理店では、お母さんと一緒に副業をやられて成功している方が何人もいます。

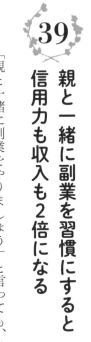

例えば、幼稚園児や小学生の親が、子どもを塾やプールに通わせることがありますが、その際は親が送迎して、参観して、一緒に帰ります。

もちろん、近所の書道教室や学習塾などは1人で行って1人で帰る場合も多いでしょう。子どもによっては「行ってきます！」と出て行って、公園で遊んで帰ってきて、後で先生から親に連絡が入って、サボったことがバレるなんてこともありますよね。

ですが、親と一緒であれば、ほぼ強制的に行くしかありません。私の娘はスイミングスクールに通っていますが、たまに「行きたくない」と言うことがあります。妻が「体調悪いの？」と聞いて「少し具合が悪い」と答えても、「熱を測って、熱がなければ行きなさい」と、サボりたい気持ちを封じられてしまいます。

とはいえ、嫌々ながらでも行くと、親が見ているので、真面目に練習しないといけない状態になります。


副業も同じです。私の代理店の方で、面談にお母さんと一緒に来た方がいます。娘さんが30歳ぐらいで、お母さんが50代ぐらいだと思います。

この方の場合は、お母さんが法律関係の書類を作成する仕事をされていて、厳しそうな方でした。娘がダマされているのではないかという心配から、面接に一緒に来たのかもしれません。

しかし私が話をして、お母さんも納得をすると、娘さんに「あなた、ぜひやりなさい」となりました。その方が2年以上も副業を続けられている理由は、やはり最初の面接時にお母さんと一緒に来たからだと思っています。

おそらく、家で「あなた、最近ちゃんとやっているの？」「やっていない」「なんでやらないの？」という会話があるでしょうし、「商品が入荷されていない」など、何か理由をつけてサボろうとすれば、「なら私が松浦さんに電話して確認するわ！」と、やめる理由をお母さんが全部つぶしてくれているのでしょう。

もちろん、人によるとは思いますが、この方は**親の強制力がいい具合に働いているので続けることができていますし、その分、収入も上がっています。**

やはり、親のパワーは偉大です。私の娘も、強制的にプールへ通わされていましたが、結果的にたった1年で確実に泳げるようになり、それが娘の自信につながりました。

何歳になっても親は親。親の力を上手に使うことが大切です。

また、親子で一緒に副業を始めるパターンも増えています。最近始めた親子は、娘さんが25歳ぐらいで、お母さんは40代後半ぐらい。この場合はお母さんが心配してと言うより仲良し親子で、一緒に通っているケースです。
最初の数回は娘さんだけ来ていましたが、そのうち「お母さんも連れてきたい」と、今は平日に2人で事務所に来ています。最初は朝来て昼ごろには帰っていましたが、稼げるようになってきてから、3時や夕方まで作業をしていくようになりました。
例えば習い事も友達と一緒だと続けられるように、副業も親子でやれば、どちらかのやる気が下がっても、もう片方が「行こうよ」「頑張ろうよ」となって続けられます。

さらに、雇う側としても、親子で一緒に副業をやっている人のほうが、信用が上がります。ブランド品を扱っている性質上、他の会社では事務所の商品を盗んで行く人がたまにいますが、親が盗んで娘にバレたとか、娘が盗んで親にバレたとか、そういうのも家庭内での立場上気まずくなるので、犯罪抑止力につながります。

こちらの親子の利益は、娘さんは1カ月目が16万円、お母さんが10万円ぐらいでしたが、2カ月目で娘さんが28万円、お母さんが14万円、3カ月目には娘さんが60万円、お母さんが40万円、4カ月目で2人合わせて120万円ちょっと稼げるようになりました。親子でやっているので、収入が順調に倍で増えれば、世帯収入は4倍です。さらに、最初は娘さんのほうが収入が高かったものの、5カ月目、6カ月目にはお母さんの収入が娘さんの収入を超え、母1人で96万円に到達しました。

親子で成功するパターンが増えてきたので、最近は1人で面談を受けにきた人にも「お母さんは一緒にやりたいって言っていない?」と、私から聞いています。

家族で一緒に副業というのも、あまり聞いたことがないですし、皆さんも想像できないかもしれませんが、それほど仲が悪くなく、殴り合いの喧嘩をするような関係でなければ、ぜひおすすめです。家族と一緒であれば、習慣化につながりやすく、成果も1人で行うよりも、よっぽど結果を出しやすいのです。

40 相手を信用させるためには実名で発送 鑑定書、販売証明書、品質補償制度をつける

インターネットが普及し、ブログやSNS、YouTubeなどに、誰もが匿名で発信できるようになったことで、名前も住所も分からないまま有名になったり、お金持ちになったりする世の中になりました。身分を明かさなくても、いくらでも信用を得られるからです。

フリマアプリやネットショップでも、最近は匿名発送ができるようになり、中には自分の名前も住所も相手に伝えずにブランド品を発送する方も結構います。

しかし、名前も知らない人が出品していると、かなり警戒されます。特にブランド品は、元の商品が高額ですし、非正規品（要は偽物）もたくさん出回っています。その中で匿名発送すると余計に警戒されてしまいます。

ですから、中古のブランド品や、物販で少し高額な中古品を扱っている方は**匿名発**

送ではなく、自分の名前や住所をきちんと明かしたほうが商品も売れるのです。

ちなみに、私がまだ会社組織にする前に代理店募集をしていたときは、面接者が来ると、信用を得るために自分の運転免許証をテーブルの上に出し、怪しい人ではありませんと証明していました。

他にも信用を得るための方法として、**鑑定書をつける**方法もあります。仕事依頼アプリの「ココナラ」などで探すと、500円とか1000円で鑑定し、プラス1000円とか2000円で鑑定書を発行してくれる業者があります。

また、月額1万円で何個か鑑定し、鑑定書を出してくれるアプリもあります。カメラでモノグラムの模様を映して拡大させ、AIが本物か判断するのです。偽物が出回る業界ですので、鑑定書があると買い手にとっても安心です。

また**販売証明書もおすすめ**です。どこの誰が販売したとか、仕入れ先の場所、売主名（自分の名前）を書くものです。書式は自由で、ネットから無料でフォーマットのダウンロードもできます。

さらに、**壊れたときの補償制度もつける**といいでしょう。購入して3カ月以内にホックが壊れるなど、故障した場合は無料で修理するという制度を独自で設けると、格段に売れるようになります。

「鑑定書」「販売証明書」「品質補償制度」は、まさに相手を信用させ即決をさせる三種の神器。多少、金額が高くても（と言っても、良心的な範囲内ですが）、この3つがある商品のほうが安心して買えるという人もたくさんいます。

説明文に、「正規品か不安な方のために、正真正銘鑑定書をおつけしておりますので、何かあった場合はすぐ連絡していただければと思います」「皆様のために、購入された商品の中に私の住所・氏名を示す書類も一緒に入れておりますので、安心してご購入くださいませ」「もし購入して、数日で壊れてしまうと悲しいですよね。なので私は3カ月間の補償をつけております」といった文面を添えるようにしてください。

これだけで、出品から落札までの時間が、全然違ってくるのです。

41 製造日よりも販売日を目立たせてより新しい商品であると印象づける

ブランド品は、製造した年と場所が入っているのが一般的です。ルイ・ヴィトンであれば、シリアル番号や刻印を見ると、何年にどこの国で製造されたかが分かります。しかし、その日付は製造した年であって、販売した年とは別のものです。2019年に作られていても、販売したのは2021年なんてことも普通にあります。

特に最近はコロナ禍《か》とロシアとウクライナの戦争の関係で物流が滞り、製造から1～2年、中には3年遅れで商品が到着して、お店に並べられて新品として売られるということも頻繁《ひんぱん》に起こっています。

そのため、例えば2015年に製造した商品を2017年に銀座で買った場合は、**製造年よりも販売した年を強調します。**「2015年のシリアル番号ですが、私は2017年に銀座の○○で、8月後半に買いました」と書くと、2年分新しい商品だと印象づけることができるからです。

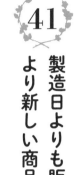

エルメスだと名刺に販売日のスタンプを押してくれますし、シャネルも購入時に紙に買った日付をボールペンで書いてくれます。購入時のレシートもあると、中古品は高値で売れます。

仕入れの際に、「付属品や箱などの一式がついています」と書いてある商品を購入すると、販売日が分かるものも入っている可能性が高くなります。

例えば、２０１８年と２０２１年の商品では、やはり１万〜２万円販売価格が変わります。同じ中古品であっても、より新しい中古品のほうが高値で売れますし、購入する人も、当然、新しいものが欲しいわけです。

ですから、製造年と販売年は違うというのを頭の隅に入れておき、なるべく新しい販売日で買ったと言える商品を選ぶことが大切です。

42 3万円に値段を下げても売れなかった商品を5万円で出品して売れるテクニック

私の事務所では、私がオークションなどで仕入れた商品を代理店さんに購入してもらい、リペアをして出品してもらっていますが、商品は返品ＯＫにしています。

それには理由がいくつかありますが、1つは、特に新人さんは、なかなか売れないと「わざとボロボロで売れないものを私に押しつけたのではないか？」と疑心暗鬼になるからです。そこで出品して売れなければ、さっさと返品させ、次の商品にチャレンジしてもらいます。

私は売れると思った商品しか代理店さんに卸していません。**売れないのはリペアの仕方や売り方が悪いだけ**だと知っているから返品をＯＫしているのです。

私の事務所には、そうやって代理店さんから返品された商品をリペアし直して、出品することを専門にしているスタッフもいますが、3万円まで値下げをしても売れなかった商品が5万円で即決されるケースも少なくありません。

高値で即決させるには、販売履歴を増やす以外にも、さまざまなテクニックがあります。それはまず、写真がきれいであることです。

売れない人は、商品は色あせていないのに色あせているように見えたり、シミがないのにシミがあるように見えたり、商品が実物よりもかなり反っているように見えたりするような写真を平気でアップしています。

リペアの技術も大切ですが、それ以上に写真を撮る技術を上げないといけません。

初月から結果を出している人は、ほとんど写真がきれいな人です。プロのカメラマンではないので、1枚、2枚でいい写真は撮れませんが、300枚、500枚と角度を変えたり、小物を添えたりすることで、素人でも必ず数枚は奇跡の写真が撮れます。それを寄せ集めて出品することが大切です。写真を人に見てもらい、撮り方のアドバイスを受け、何度も撮り直しをするうちに上達していきます。

中古品は、新品のようなハリ感がなく、反っていたり内側に折れ込んでいたりするものもあります。バッグも長い間使用していると自立しなくなって倒れてしまったり、ブーツも脱いだら折れ曲がったりします。実際、コメントでも「そのバッグは吊されていますが、きちんと自立しますか？」と聞かれることがあります。

そこで、新品のようなパリッと感を出して型崩れをなくすために、バッグは曲がっている角をきちんと固める処理などをして、なるべく型崩れ感がないように見せます。それだけでも、2万～3万円の利益が変わってきます。

このように事務所では、新人さんが売れなかった商品を、リペア技術や写真撮影の技術を駆使《くし》して、あっという間に売り切ってしまいます。

修復したりハリを出したりするためのリペア方法は他にもさまざまな種類があるので、1日や2日では学びきることができません。毎日リペアしたとしても、最低半年はかかるでしょう。しかし、ひとたび技術を身につけてしまえば、どんな商品も売れるようになるのです。

43 甲子園に行きたいなら常連校に物販なら成功する環境に飛び込む

人間、能力も才能もズバ抜けている人以外は、ほとんど差がありません。どこで差がつくかというと「環境」です。

例えば、野球で甲子園に行きたいなら、高校に入って野球部に入部するだけではダメです。甲子園常連校に進学しなければ、甲子園に出場することは困難です。

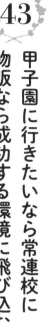

私の友達で、バイクのレーサーで日本一になり、日本代表として世界グランプリに出場した人がいます。レースで上位に入賞するためには、自分でいいバイクを買って、自分で整備し出場するのでは限界があります。それを知っていた彼は、バイクメーカーのテストライダーになり、メーカーから最高のバイクを借りてレースに出ることで、最高の結果を得られました。

テストライダーになるにはレースの実績や、バイク屋さんの推薦が必要といった条件があるため、そう簡単になれるものではありませんが、友人はスズキのテストライダーになるために、親に400万円の借金をしたそうです。

そうして友人は、スズキのテストライダーになるチャンスをつかみ、日本代表になりました。スズキを20何年ぶりに鈴鹿の優勝に導き、さらにホンダに移籍してからも、世界的なレースにも何回も出場しました。もちろん彼の才能もあると思いますが、彼以上に才能があったとしても、環境に恵まれなければ、世界的なレースに出場することはできなかったでしょう。

会社員でも、給料を上げたいと思ったら、そもそも給料が高い会社に就職しないと給料は上げることはできません。3年間毎日休みなく働いて、課長になって部長になって、結局、最初の給料に部長手当が3万円増えただけの給料であれば、完全に環境を変えるべきです。

物販も同じです。

物販で成功したいのであれば、成功する環境に身を置くことです。100万円稼げる環境があったら、そこに飛び込むべきなのです。

物販を自分の家で1人でやると、なかなか集中できません。そこで私は事務所を借りて、代理店さんも事務所で作業をしてもよいことにしました。

すると代理店さん同士で、リペアの分からない部分を情報交換したり、写真撮影のコツなどを教え合ったりしています。さらに、毎月30万、60万円稼いでいる人もザラですから、そういった環境に身を置くことで「私も頑張ろう」「私も月100万円稼げるようになろう」と思うことができます。

44 商品の説明文は売り上げを左右する「買いたくなる」内容で売り上げアップ

ショップ店員は、お客さんと会話をしながら商品をおすすめして、お客さんに買ってもらうように誘導をします。しかし、フリマアプリの場合は、説明文だけでお客さんを納得させ、その商品を買ってもらわなくてはいけません。

そこで、**「買いたくなる説明文」を書くことがとても大事**です。なかなか売れなかった商品を、私やベテランさんが説明文のアドバイスをして書き換えただけで、あっという間に売れることもあります。

実は、そのためのポイントは4つあります。

ポイント1　頭の中で誰かと競わせる

説明文を読んだ人に、**頭の中で友達か誰かと競わせて、買ったほうがいいですよねという感覚にします。**

例えば「周りのお友達はどんなバッグを持っていますか？」「このバッグならばお友達よりオシャレになれるのではないでしょうか？」といった一文を添えるとします。すると、読んだ人は、周りの友達の持っているバッグが、無印良品やディズニー、ブランド品でもバーバリーやコーチだなと思い浮かべ、「ルイ・ヴィトンを持てば、友達よりワンランク上の世界に行ける！」と購入意欲がかきたてられるでしょう。

実際には、「高い商品を持つこと＝オシャレ」ではないのですが、週刊誌や女性誌でモデルさんがハイブランドのアイテムを身につけていると、やはり憧れるものです。豪邸や高級車がうらやましくなるのと同じです。

ルイ・ヴィトンのバッグを見た友人に、「え〜！　ヴィトンのバッグ買ったの!?」と言われる姿を想像させれば、もうしめたものです。他にも、「周りの人は、意外と他人のバッグを見ているものです」と他人の目を意識させたり、「お友達よりも1日でも早く使ってみたほうが、絶対に格好いいですよ」というのもありです。

メルカリは分割でも購入できるので、「月額4800円でも購入できるので、友達より一歩リードできますよ」というフレーズも効果的です。

「素晴らしい商品を持つだけで、人気度がアップしますよ」「オシャレな商品を持つだけで、モテ度が上がりますよ」など、もともとハイブランドが欲しいと思っている人は、見栄っ張りな面もありますから、こういった文面も、効果があります。

ポイント2 未来をイメージさせ、背中を押す

ハイブランドのページを物色しているということは、すでにハイブランドを買いたいと思っているので、**背中を押すだけで十分**です。

「この素敵なお財布で、ぜひともお友達と旅行に行きましょう」「このカッコイイお財布を手に持ってお店に入るだけでも、とても素敵に見えますよ」「このバッグを持ってホテルに入るだけで、受付ロビーで注目を浴びてしまいます」と書くと、「お土産屋さんで支払いのときにヴィトンの財布を持っている私」や「周りの人から羨望《せんぼう》のまなざしを浴びている私」がイメージされます。

また、「もし壊れてもエルメスのお店で修理でき、一生の宝（資産）になります」、「今、購入されたほうが絶対にいいですよ。間違いなくこれから価値が上がっていきます」というように、資産価値をほのめかすのもよいでしょう。

ポイント3　とにかく商品を褒めちぎる

「こちらの商品は、保管状態に気を遣っていた商品なので、革の質感は新品みたいに柔らかく、そして糸のツヤもあり切れにくそうですので、長く使える商品ですよ」「このクオリティーの商品は、日本に数点しかないですし、私が見た商品の中では過去サイコーに一番きれいな商品ですので、お早いご決断を！」といった**商品のアピールはもちろんですが、商品を選んだその人を褒めることも有効です。**

例えば「こちらの商品に目をとめていただいたあなたは、ファッションにとても敏感でオシャレ上手な方だと思いますので、ゆっくり見て、楽しんでいただければと思います」というような文章もいいでしょう。

他にも、「私が初めてハワイに行ったときに、お店の方がアメリカ限定の商品で日本には未入荷商品と話されていました。特別な方たちに人気商品ですよ」というように、商品のアピールと同時に、「私も特別な方」という印象を与えるのも有効です。

ポイント4　買う理由を書く

皆さんも高いものを購入するとき、「今月は仕事を頑張ったから自分へのご褒美」というように、買う理由を自分で考えたりしませんか？　人はものを買うときに、無意識に買う理由を探しています。そこで、**買う理由と思えること書く**のです。

「楽天、バイマよりもお安くなっています」「この商品は、1点ものです」「これほどきれいで欠点のない商品は珍しいです」「限定品なので、もしお気に召さずに売るときも、高く売ることができます」「資産価値があります」「返品も受けつけています」「分割払いで購入ができます」「外箱など一式そろっております」「1年毎日使えば、1日あたりのお値段は、わずかペットボトル1本分です」といった具合です。

このように、理由を書くことで、「だったら買ってもいいよね」と買うことに罪悪感がなく、購入に積極的になることができます。

これら**4つのポイントをおさえた説明文にするだけで、これまで売れなかった商品が即決されることもあります**。ぜひ、試してみてください。

45 赤字覚悟で値下げをするのではなく赤字にならない限界値段で売る

フリマアプリなどでは、値下げをチラつかせて売ろうとする人がいます。

例えば、「結構値下げできますので言ってください」「特別価格で値下げいたしますのでコメントください」「値下げ交渉お待ちしております」と書いている人がいますが、購入者に価格を決めさせるのは基本ＮＧです。

なぜなら、こう書かれている時点でだいぶ金額を乗っけていると思われるからです。

よくあるパターンとして、５万円で出品をしているのに、「２万円で即決させてください」といったコメントをもらうことがあります。そこで、「はいっ！　２万円で『〇〇様専用』を作りますので、お願いします」と返信をしたものの、２日たっても買ってもらえないなんてことも。なぜでしょうか？

それは、購入者が、「あんな簡単に２万円でＯＫということは、仕入れ値は、きっと5000円から1万円の間に違いない。危ない危ない！　ぼったくりだ！」と思ったからです。

さらに、このやりとりを見た他の方も同じように思ってしまい、あなたの信用もなくなりますし、商品の価値も下がります。

ですから、このような**極端な値下げのコメントが来たら、仕入れ値を探られると思ってください**。

では、もし極端な値下げを提案されたらどうすればいいのでしょうか？　まずは「すみません。値下げはできません」と**謝る**ことです。そして、「こちらの商品は2万円ですと赤字になってしまいます」と書いて、**商品の価値を上げ**ます。

さらに「値下げはできませんが、本日購入いただけるのであれば、お気持ちになりますが500円の値下げでしたら大丈夫です」と、**即決を促す**ようにしましょう。

もし、それで交渉成立しないのであれば、その商品は新規で上げ直し、古いものは削除します。

また、「赤字なので値引きはしません」と最初から書いておくのもおすすめです。こうすると出品した瞬間に売れることもあります。その理由は値引き交渉が面倒という心理もありますが、これ以上安く入手はできないだろうと購入者が思うことで、早い者勝ちの心理が生まれるからです。

値引きをする場合も、「こちらの商品は大分赤字価格のため値下げはできませんが、ぜひともフォローしていただければ、お気持ちですがお値下げ頑張ります。フォローで500円の値引きをさせていただきますので、購入前にコメントくださいませ」というように、**500円だけ上乗せした値段設定にして、ちゃっかりフォローを増やす**という手法もあります。

他にも「たくさんのいいね！　ありがとうございます。こちらの商品は在庫の関係上、店頭販売に切り替えるため『12月15日23時まで』の出品になります。そして値下げも赤字価格のため、300円が限界とさせていただきます」というように、**期限を決めると、あっさり売れる**ようになります。

最初に高く値段を設定し、売れずに値下げ、売れずに値下げ……を繰り返していると、いつのまにか赤字になってしまいますので、最初から赤字にならないギリギリの値段で即決させ、商品を回転させていったほうがトータルの収入がアップするのです。

46 ハイブランドのバッグは車よりも寿命が長い？

中古商品市場は、皆さんが想像している以上に商品が回転しています。**ハイブランドの商品は意外と頑丈**です。

誰かが新品で購入し、使用しているうちに少し汚れたら質屋さんに売り、その中古品は汚れをふき、きれいにされて販売され、また別の方が使います。そして、その方が使っているうちに汚れたりしたら質屋に売り、またそれをきれいにして誰かが使うというのが、それこそ何十回も繰り返されています。

最近は、中古のリペア技術もどんどん向上し、こんなにひどいの？と思うようなものでも、色を塗ったり、糸をほどいて縫い直したりすることで、まるで新品のように生まれ変わります。

バッグや靴の修理屋さんも、あちこちのショッピングモールにあります。ああいったお店で修理に出すと納品までに数カ月かかり、修理代も高くつきますが、新品同様きれいになって戻ってくるのです。

エルメスのバッグなどは、エルメスに修理を出して持ち手などの部品を交換できるので、何十年も使い続けることができますし、フリマアプリでも30年、40年前のバッグが、平気で100万円以上で売っています。

「リセールバリュー」という言葉を聞いたことがある人もいると思います。中古車販売や不動産などでよく使われる言葉ですが、ブランド品は一度購入した後に再び販売する再販価格が高いまま維持されたり、逆に購入時よりも値段が上がったりもします。

例えば、ルイ・ヴィトンのモノグラムの模様は、何十年前も前からずっと定番で使われています。モノグラムが古臭いというイメージがつき、モノグラムよりダミエが流行った時期もありましたが、最近はモノグラムが再び人気になり、リセールバリューも上がっています。

ハイブランドは、どれも長期スパンで人気の商品なので、今は流行ってないかもしれませんが、また流行りが来て値段が上がることもあるのです。

またリペアしようがないと思うものでも、工夫次第できれいに直せます。例えばキーケースなどの、外側がきれいなのに内側の金具が全部折れ曲がっているようなものは、外側がボロボロで内側の金具がしっかりしている別のものと組み合わせて１つにすることができます。

こう考えると、ハイブランドの寿命は中古車や中古バイクなどに比べると、よっぽど長いことが分かります。ハイブランドは資産になりますし、これからも仕入れに困ることはない、長く続けられる副業なのです。

47

物販は怒らない人が稼げる 嫌がらせのコメントは冷静に対処

ブランド品物販に限らないとは思いますが、フリマアプリをしていると、どうしてもムカつく人がたくさんいます。文句や嫌がらせのコメントを書くお客さんです。おそらく、同業者もいると思います。1個も販売してないアカウントや購入ばかりしているアカウントは、同業者の仕入れ用のアカウントだなと、ピンと来るわけです。

他にも、きちんと身分確認をしていないアカウントなど、文句や嫌がらせをしてくるのは、たいてい怪しいアカウントです。

自分のところの売れ行きが悪いと悩むようになると、売れている人を妬んだり、嫌がらせをしたいと思う方が、どうしても一定の割合でいます。同業者であるなら、「うちもあそこに負けずに頑張ろう」とプラス思考になればいいのですが、そもそもそういう発想ができる同業者は成功しています。ビジネスには信用が大事だと分かっており、**誹謗中傷は自分にブーメランでかえってくる**と知っているからです。

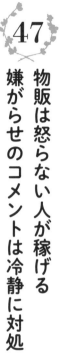

ともかく、ムカつく購入者やいろいろなコメントを入れたり、嫌がらせをする方はよくいますが、**怒らずに冷静に考えて対応するのが一番**です。だいたい怒らせる人は、相手にも怒って反応してほしいという、かまってちゃんだからです。

ですから、まず相手が怒ってきたり、嫌がらせのコメントしてきたりしたとしても、こっちが売り言葉に買い言葉になるのではなく、一般企業のように「大変申し訳ございません。どういったところがどうだったんですか？」と、冷静に対応しましょう。

そして、購入者の他のコメント履歴や売っている落札履歴などを見て、「相手はどういう気持ちなのか」「これは相手にどういうメリットがあるのか」「これは何のためにやっているのか」と分析し、それに対して「どうやったら相手がスムーズに去ってくれるか」の対処法を考えます。

「**販売者は怒ったら負け**」です。なぜなら、ネットでの販売は文章でのやりとりだからです。文章で相手がガーッと言ってきて、また文章でガーッと返すと全部履歴が残ってしまいます。トラブルが大きくなってフリマサイト側に相談しても、「あなたも悪いことを言っていますよね」と、喧嘩両成敗になってしまいます。

そこで、購入者が怒ってムカつくようなことを言ってきても、販売者は後でフリマサイト側に文章を見てもらうことを想定し、絶対に怒らずに冷静に謝罪し、きちんと対応してあげることが必要です。

相手が一歩も引かず、いよいよとなったときは、フリマサイト側に相談すると、事の成り行きを読んでいるので、「この件に関しては、購入している人のほうが悪い」と判断してもらえれば、その人のアカウントを削除するなどの対応をしてくれます。

しかし、そういうやりとりも不毛な時間なので、**面倒な人がきたら、購入する前であれば、とりあえずブロックするのもおすすめ**です。相手のページに行き「この人をブロックする」とやると、相手はコメントを入れられなくなります。

購入者の場合で面倒なのは、だいたい1カ月ぐらい使ってから欠点を言い始め、返品したいと言ってくるパターンです。でも、それがまかり通るのであれば、みな、商品を買って1カ月使ってから返品してもお金が返ってくるということです。こんな新しいサービス、私も使ってみたいものです。

これをやられてしまえば、販売している人は全然儲からないですし、ビジネスとして成り立ちません。

しかし、そういう人が、実際にたまにいるのです。評価が終わっているのに、「買ったときからこうだった」と因縁をつけてきます。評価のときに言えばいいのに、次から次へと商品の不具合を書き連ね、そのうち「警察に行って、あなたを逮捕してもらいますからね」と脅す人もいます。

何があっても、絶対にこちらが非を認めるような発言をしてはいけません。そういう方がフリマサイトに相談をすると、フリマサイト側からも「返品を受け返金をしてください」と連絡がくる場合もあります。

そして本当にあくどい人は、２カ月間も使って、使われた感たっぷりにもかかわらず、わざと糸をカッターで切るなどの嫌がらせをして、着払いで送り返してきます。

こういう場合は、「警察に行きます」と言われた時点で、こちらも警察に相談するようにしましょう。「2カ月前に購入した商品を返品したい、しかもお金を返せと言ってくるのですが、お金を返さないと私は捕まるんですか？」と聞けば、警察の人は「そんなことはないですよ」と言ってくれます。そこで相手に「警察に行きましたが、捕まったりはしないそうで、評価後2カ月も経っているので返品は受けなくてもいいと言われました」と伝えれば、ピシャッと撃退できます。

ひどい購入者は、実は可哀想な人だと思っています。人生がうまくいってなかったりとか、何かつらいことがあったり、仕事で上司にいつも怒られたりしていても、それを晴らすところがないのでしょう。嫌がらせをすることで、憂さ晴らしをしているのだと思います。

その人も会社ではペコペコと上司に謝っているのかもしれません。私が、「何か嫌なことがあったんですか?」「大丈夫ですか?」といった返信をすると、スーッと怒りの熱が収まる人もいます。

相手が怒ってきたときに、販売者側も怒ったら、これまで以上に相手が怒って収拾がつかなくなります。とにかく「冷静に」をキーワードに対処するようにしてください。

48 エルメス、シャネル、ルイ・ヴィトン 3つのハイブランドの勉強を徹底的にする

私は、初心者に「最低でもハイブランド3つは勉強しまくれ」と教えています。**エルメス、シャネル、ルイ・ヴィトンの３つだけでいいので、お店に行って商品を見たり、ネットで検索したりして、どんなラインナップがあるか、どんな限定品があるかを徹底的に調べましょう。**

特にこういったハイブランドでは、新しい商品や限定品がしょっちゅう出ます。新しい商品が出ると、大体2~3カ月で中古品が出回ります。プレゼントでもらって質屋さんにすぐ持って行く人がいるからです。

そして自分が仕入れたら、楽天やバイマで同じ商品がいくらで売られているかも調べます。

そして高い金額で売られている画像を探します。同じ商品を30万、40万円で売っている人がいれば、「他のサイトでは○○円で売られていますが、赤字覚悟で半額以下

の15万円で出品しています」と書くことができるからです。

また、**商品のよさと価値を探すために、自分で実際に使ってみることも大切**です。自分で使ってみると、お財布のよさが分かり、生の声で相手によさを伝えたり説明したりできるようになります。

自分が使ってよかった部分を写真に撮って説明文に入れると、見ている人は「実はそういうところが知りたかった」といわれることも多々あります。

例えば中古品では、イニシャル入りの財布などがたくさん出品されています。イニシャルが入っていると売れないと思っている代理店は多いですが、そういう代理店さんはイニシャル入りの財布を1回使ってみるといいです。誰も気づきません。私もイニシャル入りの財布を使ったことがありますが、「お前、イニシャル違うじゃないか」と言われたことは一度もありません。誰も財布の中のイニシャルなど気にしないからです。おそらくイニシャルよりも、何色のカードが入っているかというほうが気になるのでしょう。

1回使ったことがあれば、「イニシャルが入っていますが、私が実際使ってもダンナにもまったく気づかれませんでした」と説明文に加えることができます。

アパレルショップの店員さんは、そのシーズンの新作を着て店頭に立っていますよね。それと同じで、ブランド品を扱う人は、ぜひ自分でも実際に商品を使ってみてほしいのです。


正直、私はブランド品物販を始めるまでは、ルイ・ヴィトンやシャネルにはまったく興味がありませんでした。しかし、ブランド品物販をやり始めてルイ・ヴィトンの財布を使ってみると、こんなに長く使えて、使った後に売ることができてプラスになる商品は、絶対お得だと実感し、商品も大切に使うようになりました。

自分がよく知っていて、大好きなものは、「このよさをみんなに知ってほしい」と、売るときにも力が入ります。それが売り上げアップにもつながるのです。

49

一流品を売るということは一流の人を相手にするということ

ブランド品を購入するのは一流の人、もしくは一流を目指している人です。一流の物を販売するということは、一流の人の相手をしないといけません。一流の物を欲しがっている方は、当然、変な人より一流の人から物を買いたいと思っています。

そうすると、販売するほうも一流の考えを持たなければ、ブランド品を売ることができません。一流の人が喜ぶような説明文を考えないといけないですし、一流の人が写真を見て納得するような商品でないといけないわけです。

一流の人の気持ちが分かるようになるためには、自分も一流の人にならないといけません。

では一流の人とは、どういう人でしょうか？　私が新人さんから聞かれると、次のように答えています。

一流とは、地道を継続し努力をしてきた人
一流とは、人として信用ある行動を考えて実行する人
一流とは、冷静に相手の立場になって考えられる人
一流とは、何が一流品かを知っている人
一流とは、謙虚で話しやすい人

では、一流の人になるには、どうしたらいいでしょうか？　その答えは簡単です。「一流品を扱うこと」です。ブランド品物販を選んだ時点で、一流の人に早く近づくことができます。

一流のブランドを扱い、一流の人を相手にし、いかにその相手に買ってもらえるかを考えていくことで、あなたを勝手に成長させてくれるのです。自分が「一流のブランドを扱うのにふさわしい人間」になることを意識し、日々謙虚な姿勢で勉強をし続けるようにしましょう。

50 クレームを怖がらずに限界を突破する強気で売るのが儲けを生む

例えばF1レースで上手な選手は、いつも限界で走ります。カーブもタイヤが滑りすぎずにちょっと滑りつつ向きを変えるような、限界を超えたり超えなかったりというギリギリで走っています。

そして限界を超えすぎるとスピンしたりもしますが、F1レーサーでなければ、せいぜい限界を超えても芝生に出る程度なのですが、みなさん、それが怖くて限界まで出せません。直線距離で300キロ、400キロ出るところを60キロで走っているようなものです。

筋トレも、苦しくてもう腕が上がらなくなるくらいまでやって、限界を超えると筋肉がつくように、何でも限界ギリギリ、限界を超えないと成果は出ません。

この限界を物販でいうと、返品ギリギリを狙うということです。極端な話、中古感たっぷりのお財布を、新品未使用で出品したらどうなるか、といったことです。

定価10万円の商品を４万円で出品すれば、即決はするでしょうし、お礼のコメントで「安かったので心配して買ったんですけど、めちゃくちゃきれいな商品が届いてラッキーでした」のように高評価がつくでしょうが、一生儲けることはできないでしょう。

しかし「この商品は、コレクターが目をつけているレア商品です」と価値を上げて20万円で売ることができたら、ある意味、限界を突破したことになります。

ですから、ブランド品物販で儲けるには、このように限界を試していかなければいけません。


よくクレームを怖がって、１ミリ程度の傷を写真に撮り、５センチぐらいに拡大して、「ここに傷があります」と書く人もいます。しかし、お客様は、「ここにこんな大きな傷があるんだ」と見た瞬間に購入をやめて次の商品へ行ってしまいます。

それよりも「１ミリ程度の傷が右下にありますが、遠目で見るとまったく分かりません」と、バッグ全体の写真を写して強気で売るほうが、高値で売れます。これも、購入者が「説明文では分からないと言っていたのに、手にとって見ると傷が目立つので返品したい」と言ってくるかどうかのギリギリのラインとも言えます。

クレームが来ると、ほとんどの人が弱気になって、どんどん値段を下げて売る方向に行ってしまいます。すると自分では気づかないうちに、どんどんターゲットがクレーマーや返品魔に移行していきます。常に強気の高値で限界ギリギリを攻めるのが、ブランド品物販で成功する秘訣なのです。

おわりに

最後まで読んでいただきありがとうございます。

本書でもお話ししましたが、10年前、私が一人でブランド品物販を始めたときは、副業として、お小遣い程度の稼ぎからのスタートでした。

その後、本業のサラリーマンをやめ、ブランド品物販を本業にし、それこそ寝食以外のほとんどの時間をこの仕事に注ぐことで、次第に仲間が増え、現在は会社組織にして、従業員を雇うところまで年商が増えました。

最後まで読んでいただいた皆さんならお分かりでしょうが、ブランド品物販は決してラクして稼げる仕事ではありません。しかし、**努力をすればするほど、着実に稼ぐことができるようになる仕事**です。

そして私自身は、この仕事に誇りを持っています。

今の世の中、コロナ、戦争、災害など、ここ数年で物価は上がり、給料は変わらず、ますます生活が苦しくなってきています。

そんな中、このブランド品物販という仕事は、数少ない好調なマーケット市場の1つです。つまり、**時代の流れに左右されない、常に世の中でニーズのある安定した仕事**なのです。

ちょっと前までは、ファストファッションが流行り、安い新品を次々と使っては捨てるような時代でした。ところが、今の世界においては、メインの流れはそこにはありません。SDGsの考え方にも代表されるように、今は、よい物を長く大切にするエコな時代へと移り変わっています。

そんな時代の後押しもあって、この業界はますます活況です。したがって、ブランド品を売る人も、買う人も、お金がないから売買するわけではないのです。

もちろん、中にはお金が必要な人もいます。

でも、「自分はもう使わないから、誰か大切にしてくれる人に使ってほしい」「捨てられるくらいなら、自分が引き継いで使いたい」といったSDGsの考え方の1つとしてリユース品を売り買いしている人もたくさんいるのです。

私たちの仕事も同じことが言えます。今まで忘れ去られていたもの、クローゼットの奥深くに眠っていたものを磨き上げ、再び命を吹き込む。そうすることで、誰かの役に立つ、そんな仕事が私たちの仕事なのです。


そんな仕事内容に共感してくれ、現在、私の会社を手伝ってくれている従業員やスタッフは、小さいお子さんがいてなかなか就職が難しい方、シングルマザーでガッツリと稼ぎたい方、目標に向かってお金をためている方など、さまざまな方がいらっしゃいます。

そして、このブランド品物販は、そういった**個人の夢を叶えることができる仕事**でもあると、私の経験から確信しています。

最後になりましたが、私の夢は、大好きなブランド品物販をこのまま続け、従業員やスタッフを含め、私に関わったすべての人が、ブランド品物販という仕事を通して幸せになることです。

もし、本書を手に取った皆さんの中で、ブランド品物販に興味を持たれた方、もしくは、現在ブランド品物販をしているけれど、あまり成果が出ていないという方は、ぜひ私の仲間になって、一緒にブランド品物販を始めませんか？

ご興味のある人は、ぜひコンタクトをお待ちしています。

本書では伝えきれなかったコツを伝授いたします。

そしてぜひ、あなた自身の夢を叶えてください。

２０２３年5月　松浦聡至

松浦聡至（まつうら・としゆき）

MU チュウ株式会社　代表取締役

1972 年福岡県生まれ。サラリーマン時代は、デザイン会社・行政書士事務所・不動産・建築業など、さまざまな業種で営業や店舗運営に関わる。1 日 500 円のお小遣い生活から脱すべく、40 代前半から副業を開始。「副業ジプシー」を繰り返すうちに、ブランド品物販と出合う。サラリーマン歴 30 年を経て、2013 年に起業。現在は、仕入れた商品をリペアして出品販売を担う代理店・スクールを運営し、ブランド品物販で成功するコツを教えている。著書に『人生が輝くブランド品転売のススメ』（秀和システム）がある。

【HP】https://muchuu.jp/

ブランド品でネット副業 成功するメソッド50

2023年5月23日　初版発行

著　者　松浦聡至
発行者　野村直克
発行所　総合法令出版株式会社
〒103-0001 東京都中央区日本橋小伝馬町15-18
EDGE小伝馬町ビル9階
電話　03-5623-5121
印刷・製本　中央精版印刷株式会社

落丁・乱丁本はお取替えいたします。

ISBN 978-4-86280-902-5
総合法令出版ホームページ　http://www.horei.com/